科研创新素养

余志斌　著

第四军医大学出版社·西安

内容提要

本书从科学技术与人文艺术两大方面生动阐述了医学研究生科研创新素养的养成路径，既包括如何进行文献阅读，如何凝练科学问题，如何进行实验设计，以及学术论文写作与学术报告的技巧等"术"的层面的阐释，也包括哲学、文学、历史、音乐、地理、摄影等人文艺术层面的叙述，对培养医学研究生的科研创新素养具有潜移默化的作用。

图书在版编目（CIP）数据

科研创新素养 / 余志斌著. —西安：第四军医大
学出版社，2023.6
ISBN 978-7-5662-0977-1

Ⅰ.①科… Ⅱ.①余… Ⅲ.①科学研究 Ⅳ.①G3

中国国家版本馆CIP数据核字（2023）第091891号

KEYAN CHUANGXIN SUYANG

科研创新素养

出版人：朱德强 责任编辑：土丽艳 李 澜

出版发行：第四军医大学出版社
　　　　地址：西安市长乐西路169号　　邮编：710032
　　　　电话：029-84776765　　　　传真：029-84776764
　　　　网址：https://www.fmmu.edu.cn/press/

制版：陕西锦册广告文化传播有限公司
印刷：陕西天意印务有限责任公司
版次：2023年6月第1版　　2023年6月第1次印刷
开本：787×1092　1/16　印张：13.5　字数：200千字
书号：ISBN 978-7-5662-0977-1
定价：59.00元

前言

　　在科学技术突飞猛进的今天，国家之间在科技与经济领域的竞争态势益发激烈。科技发展的实质是创新，惟有创新型科技成果才能对经济产生巨大的促进作用。早在2013年，习近平总书记就高瞻远瞩地指出："创新是一个民族进步的灵魂，是一个国家兴旺发达的不竭动力，也是中华民族最深沉的民族禀赋。在激烈的国际竞争中，惟创新者进，惟创新者强，惟创新者胜。"2015年，习近平总书记又强调："综合国力竞争说到底是创新的竞争。要深入实施创新驱动发展战略，推动科技创新、产业创新、企业创新、市场创新、产品创新、业态创新、管理创新等，加快形成以创新为主要引领和支撑的经济体系和发展模式。"2018年习近平总书记再次指出了开展创新的关键所在："创新之道，唯在得人。得人之要，必广其途以储之。要营造良好创新环境，加快形成有利于人才成长的培养机制，有利于人尽其才的使用机制，有利于竞相成长各展其能的激励机制，有利于各类人才脱颖而出的竞争机制，培植好人才成长的沃土，让人才根系更加发达，一茬接一茬茁壮成长。"

　　要实现中华民族的伟大复兴，确保具有非凡创新力的高端科技人才不断涌现，是根本之根本。研究生作为高端科技人才的重要源头，其培养理念与模式更应该符合创新型人才成才规律。研究生培养不仅仅是让学生熟悉科学研究的流程，更不是让学生获得一纸文凭或发表一篇中文或英文研究论文，这都只是其中的一个环节而已。研究生培养的关键是做好全过程培训，不仅培训研究生立身之技，使之具备独立开展科学研究的能力，还应塑造研究生的人生观与价值观，让其具有良好的价值取向，有积极进取的内驱动力；培养他们的前瞻能力以及对科学问题的敏锐度，使他们真正热爱科学研究。这些都是单纯科研技能培训难以到达的境地。关注人文与社会科学知识，在导师引导下进行自我培训，则可弥补这一不足，使研究生具有较高的科研创新素养。

自然科学（或简称科学）的最终目标是揭示物质世界的真理（规律），并应用这些规律满足人类对物质生活不断增长的需求；而探索自然科学主要依赖人左脑的逻辑思维。艺术（或称人文）是展示人感知物质世界后而产生的情感之美，从而满足人类的精神需求；而艺术的创作多依赖人右脑的形象思维与直觉思维（或称灵感思维）。只有充分发挥全脑的功能，使逻辑思维与形象思维有机结合，才能具有较强的创新能力。也就是说，一个人的创新性必须基于科学与人文交融，交融的程度越高，创新力越强。钱学森曾给出下列公式：**科学思维 + 艺术思维 = 创造性思维**。爱因斯坦则以他切身经历道出：物理给我以知识，艺术给我以想象力，知识是有限的，而艺术开拓的想象力是无限的。彭加勒指出：逻辑是证明的工具，直觉是发现的工具。希腊有句箴言："美是真理的光辉。"真理往往隐藏在事物背后且看不见，但是，它能发出美的光辉，所以，大科学家通过美的光辉可以窥探到它背后隐藏的真理。无数科学家的创新经历都告诉我们：创新岛在遥远的海上，迷雾茫茫，难辨方向，只有逻辑思维之舟才能载我们靠近。可是，创新岛周边是高高的崖壁，只有借助于直觉思维一跃而起，才能登上创新岛。而且有些时候，这一跃并非能成功，还需游回小舟，在岛周漂荡……

因此，研究生培养阶段，应设法提高学生独立开展科学研究工作的能力，这些能力包括：

（1）阅读理解能力；

（2）总结归纳能力，以及凝练科学问题并提出科学假说的能力；

（3）较强的实验动手能力，能灵活应用实验方法与技术，最好具有创建实验方法与技术的能力；

（4）设计实验方案并独立组织实施的能力；

（5）细致入微的观察能力和良好的分析判断能力；

（6）缜密的逻辑推理能力；

（7）书面与口头表达能力。

以上作为开展科学研究的基本能力，是技术层面的事情。而做科研如同写诗，能否写一首好诗，"工夫在诗外"。科研技能好似利剑，而人文素养则是剑柄，科技工作者只有握持好剑柄，挥舞有方，才能使利剑所向披靡。然而，人文素养所涉及的面较广，养成非一日之功，因此应主要关注下列几个方面，并从相关人文学科中汲取营养：

（1）哲学中的方法论具有对科学研究的宏观指导作用；

（2）音乐熏陶具有对想象力的培育与激发作用；

（3）了解历史特别是科学史的发展有助于培养洞察力；

（4）摄影、绘画等培养的审美情趣，具有对超功利价值取向的引领作用，并可提升直觉思维能力；

（5）优秀文学作品对塑造理想主义人格与进取人生观的影响不容小觑；

（6）好奇心驱使下的旅行可以丰富地理知识，更可培养探索精神与毅力，增强团结协作精神，提升行动力。

科学研究的创新素养是上述能力与素养的有机融合。只有经过长期有意识、有目的的培养与训练，一名科研人员才能在面对科学问题时，在强烈的求知欲与好奇心驱使下，表现出刨根问底的劲头；才能具有良好的直觉能力与洞察力，选定课题；才能使获得的知识达到融会贯通的程度；才能运用想象力，充满激情，打破常规，超越现有水平，尝试新的可能，创造性解决问题。

为帮助广大研究生在甫入科研阶段即有意识地培养科研与人文两方面的能力与素养，我参考了众多前辈科学家的经历，并结合个人的体验，撰写这本小书，浅谈一些想法，以期达到抛砖引玉的作用。当然，"纸上得来终觉浅，绝知此事要躬行"。研究生若要具备真正的科研创新素养，还需要在科学研究实践中，不断地体会和磨炼，最终使自己成长为国家亟需的高端创新型科技人才。

余志斌

2023年6月

目 录

CONTENTS

上　篇

科学研究的智慧要素

第一讲

高效而有用地阅读

做学术侦探

科学研究有一个相对完整的链路：阅读文献、撰写综述、选题与开题论证、实验设计、观察与记录、图表制作、论文撰写与发表，以及学术交流。以上八个环节环环相扣，每个环节都是开展下一个环节的必备步骤。其中，阅读文献是第一步。所以为了将研究工作做好，特别是为了培养具有优良素质的研究生，从阅读文献开始就要训练研究生严谨求实的科研态度和高效有用的阅读方法。

以我多年读文献的心得而言，要做到高效而有用地阅读文献，应注意四方面的内容：阅读文献的方法，有目的地阅读，带着问题阅读，研究生阅读文献的步骤。

一、阅读文献的方法

阅读文献的方法，有泛读与精读两种。讲到泛读，又有两种方式，其实是一个连贯过程的两个阶段，即读框架与读图表。第一遍就是读框架，浏览文章的标题以及各级的小标题，读摘要。目的是了解文章的概况，进而根据自己的研究目的做出对自己"有用或无用"的判断。如果认为有用，则读第二遍。第二遍是读图表，目的是了解该论文的主要研究结果，解答部分疑问，并且判断论文质量的高低。如果是高质量的、与自己研究密切相关的文章，接着就要进行第三遍的精读。这时要边阅读，边进行比较分析，读完后进行总结归纳，更为重要的一点是要带着批判的眼光进行阅读（如何进行批判性阅读，将在后面讲述）。

下面举例说明如何进行文献阅读。假设拟开展"心肌梗死治疗方法"的研究，根据这一研究目的，在PubMed输入关键词，查到一系列文献，其中一篇为"Induction of cardiomyocyte-like cells in infarct hearts by gene transfer of Gata4, Mef2c, and Tbx5"（《心肌梗死心肌转染Gata4、Mef2c与Tbx5诱导心肌样细胞》）。

从题目看，这篇文章与研究目标相符，便开始第一遍阅读，先读摘要与小标题。

读摘要

Rationale: After myocardial infarction (MI), massive cell death in the myocardium initiates fibrosis and scar formation, leading to heart failure. We recently found that a combination of 3 cardiac transcription factors, Gata4, Mef2c, and Tbx5 (GMT), reprograms fibroblasts directly into functional cardiomyocytes in vitro.

Objective: To investigate whether viral gene transfer of GMT into infarcted hearts induces cardiomyocyte generation.

Methods and Results: Coronary artery ligation was used to generate MI in the mouse. In vitro transduction of GMT retrovirus converted cardiac fibroblasts from the infarct region into cardiomyocyte-like cells with cardiac-specific gene expression and sarcomeric structures. Injection of the green fluorescent protein (GFP) retrovirus into mouse hearts, immediately after MI, infected only proliferating noncardiomyocytes, mainly fibroblasts, in the infarct region. The GFP expression diminished after 2 weeks in immunocompetent mice but remained stable for 3 months in immunosuppressed mice, in which cardiac induction did not occur. In contrast, injection of GMT retrovirus into α-myosin heavy chain (αMHC)-GFP transgenic mouse hearts induced the expression of αMHC-GFP, a marker of cardiomyocytes, in 3% of virus-infected cells after 1 week.

A pooled GMT injection into the immunosuppressed mouse hearts induced cardiac marker expression in retrovirus-infected cells within 2 weeks, although few cells showed striated muscle structures. To transduce GMT efficiently in vivo, we generated a polycistronic retrovirus expressing GMT separated by 2A "self-cleaving" peptides (3F2A). The 3F2A-induced cardiomyocyte-like cells in fibrotic tissue expressed sarcomeric α-actinin and cardiac troponin T and had clear cross striations. Quantitative RT-PCR also demonstrated that FACS-sorted 3F2A-transduced cells expressed cardiac-specific genes.

Conclusions: GMT gene transfer induced cardiomyocyte-like cells in infarcted hearts.

读小标题

1.Retroviral Gene Transfer into Mouse Hearts After MI

2.Retrovirus-Infected Cells Were Reduced in Immunocompetent Mice but Maintained in Immunosuppressed Mice After MI

3.Cardiac Gene Induction by Gata4/Mef2c/Tbx5 Transduction In Vitro

4.Cardiac Gene Activation by Gene Transfer of Gata4/Mef2c/Tbx5 In Vivo

5.Induction of Cardiomyocyte-Like Cells in Infarcted Hearts by a Single Polycistronic Vector Expressing Gata4/Mef2c/Tbx5

阅读后知道此项研究是在活体采用逆转录病毒转染GMT转录因子，诱导心肌梗死区成纤维细胞转分化为心肌样细胞，这与研究目标相符，故是有用的。但是，通过阅读，会产生一些疑问：为什么选择GMT转录因子？

在小鼠活体中如何有效进行病毒转染？梗死区域成纤维细胞能转染GMT吗？该区域的成纤维细胞为什么不出现坏死？什么是心肌样细胞？心肌样细胞具有功能吗？这些小问题对后面追踪文献和深入阅读文献会有很大帮助。

既然有用，接着就进行第二遍阅读，主要看文章中的图表，图表的质量是判断一篇文章优劣的简单方法。先看表，看它是否规范：三线表，表题与表注完整，统计学检验标注明确，表中数据的小数点后位数是否一致，横栏为分组而纵列为观测指标（图1）。另外，如将表单独看，不看正文文字，也能读懂（具有自明性）。

表题完整

TABLE 2. Wet and Dry Weight Analysis of the Left Ventricle From Aortic Banded Mice With Compensated Hypertrophy

分组

观测指标

	Sham Vehicle (n=6)	Sham Rapamycin (n=5)	Band Vehicle (n=5)	Band Rapamycin (n=5)
Body weight, g	27.4±0.6	26.7±0.5	25.5±0.6	27.4±0.3
HW/BW, mg/g	4.03±0.09	3.73±0.07	5.61±0.26*	4.47±0.13†
Wet LV weight/BW, mg/g	2.51±0.06	2.53±0.07	3.72±0.17*	2.77±0.10†
Dry LV weight/BW, mg/g	0.62±0.01	0.62±0.02	0.84±0.04*	0.63±0.02†
Wet/dry weight ratio	4.08±0.07	4.11±0.05	4.45±0.06*	4.43±0.10*

BW indicates body weight; HW, heart weight; and LV, left ventricle. One-way ANOVA was used to test for overall significance, followed by the Tukey post hoc test.
*$P<0.05$ vs sham vehicle and sham rapamycin; †$P<0.05$ vs band vehicle.

表注与统计学差别标示清晰

图1　规范的科学表示例

再看图，仍然看它是否规范：图题与图注是否完整，图例是否明了，整个图是否能够自明；图片是否清晰、分辨率高。除符合一般要求外，现在的图均是复合图，为了阐明一个问题，由多方面的证据组成。如图2由11组小图组成，表明逆转录病毒成功感染小鼠心肌细胞。首先显示GFP在左心室的梗死边界区表达，然后显示GFP仅在成纤维细胞表达，进而确定逆转录病毒量与感染细胞数量的定性与定量关系，最后用立体图展示GFP在成纤维细胞的表达。这种有整体、有局部、有3D的定性图，结合定量图，从多角度阐明一个问题，不能不说这是高质量的图。高质量图的另一特征是标注非常清楚，除标尺明确外，所用抗体依据荧光的颜色进行标注。

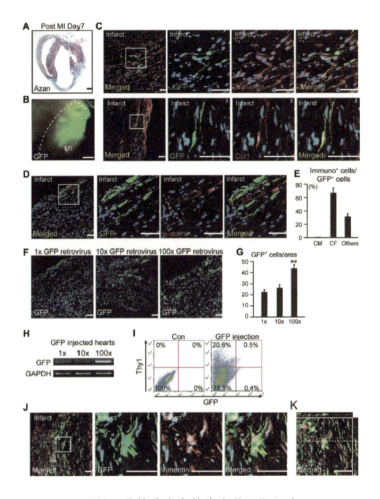

图2　逆转录病毒转染小鼠心肌细胞

通过看图表，基本上可以确定这是一篇高质量的论文。可能有人认为有更简单的判断方法，就是看文章所发表期刊的影响因子，其越高，论文质量就越好。其实不然，高影响因子期刊所载论文的整体质量与水平较高，但不能排除存在质量相对较低的论文。

当然，依据图表来判断论文质量的高低，只是一个简捷而初步的判断。比较全面而科学地判断研究论文质量的方法，可用5C原则来概括：

Clarity：图表是否规范、精美且自明？文字是否流畅且无语法错误？

Category：是现象观测，还是严谨的"科学故事"？是否具有严密的逻辑？

Context：理论基础是否扎实，立论依据是否充分？

Correctness：证明研究假说的实验证据是否令人信服，是否无反证、无法证伪、无法证错？

Contributions：是否具有明显的创新性，可否形成重大理论或具有良好的应用前景？

如果逐条进行分析，需花费许多时间，虽然准确，但难以较快地对论文质量优劣进行判断。所以，作为通过图表判断的一个补充，可以通过其中的第二条Category，即研究的类型来进行判断。对于现象观测的论文，其一般特征为：刺激因子→变化1、变化2……变化n→结果。例如，采用尾部悬吊给予大鼠模型刺激，观测悬吊后其心脏、骨骼、肾脏、胃肠及脑的变化等，全部记录在一篇文章中，最后得出模拟失重大鼠全身出现明显的适应性改变，这是一个典型的现象观测性研究。这样的科学研究虽然做得很全，数据量也比较大，但是文章的可参考性不强。这类研究还有一种变形体，即刺激信号→变化1→变化2→变化3→变化n→结果。表面上看这是层层深入的研究，但是，从变化1到变化n之间的联系是其他研究工作者所做，仍然是观测了一些零星的变化，只不过是将这些方面的改变用文字有机地串联起来。国内很多人申报"973课题"时就采取这样的方法，乍一看是一个大的研究网络，且很复杂，但缺乏创新性。这种研究在本质上还是一种现象观测性研究。

一篇高质量且与自己拟开展的研究密切相关的论文，是应该进行第三遍阅读的，即精读，或者称为批判性阅读。这一遍阅读，除要解决第一遍与第二遍阅读留下的疑问外，为增强阅读的目的性，提高阅读兴趣，还可遵循"精读十问"：

1.论文题目的含义是什么？

2.为什么要这样做，具有什么理论意义或应用前景？

3.实验技术无懈可击吗？

4.实验技术与实验设计有何特点？

5.结果间有何内在联系？

6.各实验结果肯定什么，否定什么，提示什么？

7.实验结果有缺陷吗，有局限性吗？

8.有何主要的发现，对论点与题目呼应如何？

9.进行了哪些方面的讨论？为什么只进行这些方面的讨论，而避开其他方面的讨论？讨论能进一步阐明主题吗？

10.有哪些问题未解决？如果由我来解决，我该如何做？该论文对我的研究有何帮助？

边阅读边解决以上十个问题，基本可了解一篇文章的研究思路和立论依据、为阐明论点而获得实验证据的研究方法、论据的说服力与可信度、存在的不足与尚未解决的问题，等等。除此之外，精读还有一个目的，是筛选关键性文献。通过精读，确立某篇文献为关键性文献后，可针对该文献的通讯作者进行检索，找到他们的系列与最新研究论文，在此基础上，经泛读，按重要性进行排序，并建立该研究主题的文献库。

总之，阅读的方法和流程为：第一遍阅读选出有用的文献，并录入到文献管理软件，不要怕麻烦，这一步对以后的工作非常有帮助，如果读后很久再去录入，很可能会有遗漏；接着进行第二遍阅读，选出高质量的论文；通过第三遍的精读，解答一个一个的问题，同时确定关键性文献。

二、有目的地阅读

有了上述的阅读方法，是否就应该一头扎进去，不停地阅读呢？即使是专职的研究人员，读几千篇文献也是不可能完成的，也没有必要。针对某一主题，硕士生精读二十篇左右，博士生精读五十篇左右文献就足够了，关键是要提高阅读的效率。带着问题有目的地开展阅读，是提高阅读效率的较好方法。

所谓阅读的目的，大致包括以下七个方面：

1.为了了解基础知识或（和）该研究领域的概貌　了解基础知识最好的办法是看教科书中相关的章节。先看中文教科书，建立基本的知识构架，然后看英文教科书，进行知识扩充。例如，欲开展心血管系统方面的研究工作，在熟悉中文教科书内容的基础上，再细读最新版的 *Human Physiology* 中的相关章节，以打下良好的知识基础。接下来，找一个最新的相关性大综述，这可能是个捷径。大家都知道，现在的期刊为了提高自身的影响因子，不定期会发表一些大的综述，这样的综述一般代表了某研究领域的前沿与热点，对于刚刚进入该领域的人具有较大的帮助。如果找不到这样的大综述，就查找二十篇左右的相关文献，通过两遍的泛读，经过比较分析、总结归纳，可以形成某一专题的概貌。

2. 为了撰写综述 为达到这一目标进行的阅读，需具有系统性与连续性，在适度数量文献的基础上，覆盖面尽可能全面。关于这一阅读目的的详细做法，将在后面"如何撰写综述"中专题讲解。

3. 为了写立论依据或研究论文 这是需要下一番功夫的事情。立论依据或研究论文的关键是需要凝练出尚未解决的科学问题。许多人对此感到困惑：自己所提出的问题明明白白写在那里，懂行的人却说没有凝练出科学问题。关于什么才是科学问题，将在"如何凝练科学问题"中讲解。分析所阅读文献的研究思路和立论依据，关键是要找出该论文中尚待解决的问题，然后进行比较、归纳与提炼，这样有利于确定自己的研究课题，并对开题论证非常有帮助。分析所阅读文献用图表呈现实验数据的方式，对于自己发表文章时，如何采用图表呈现研究结果具有启发作用。分析所阅读文献讨论部分阐述论点的层次和深度，以及语言的表达方式，对于自己撰写论文的讨论也会有莫大的借鉴作用。

4. 为了建立或模仿研究方法 一般是从经典到多篇文献的比较中，开展细致的阅读。每一个研究方法都要有一篇经典的论文作支撑，例如测定蛋白质含量Lowry法，其论文发表于1957年。也有一些具有参考价值的研究方法是从引用频次高的论文中获得，如研究横纹肌细胞钙火花，陈和平等描述该方法的一篇论文引用次数高，仔细研读这篇论文，即可建立观测钙火花的方法。除了在某一研究领域比较成熟的研究技术，有些研究技术与方法并不成熟，为非标准方法，这类研究方法的建立，需要进行反复的摸索：在读完介绍该研究方法的论文后，写出实验步骤，然后按照这个步骤做预实验；再找几篇采用相同方法的研究论文进行比对，依据预实验结果与文献的比对结果，修改实验步骤，再次进行预实验，反复多次后，即可在自己的实验室建立该研究方法。

5. 为了进行实验设计　实验设计既是一件简单的工作，也是一项困难的任务。在具有明确的论点，即明确的待解决的科学问题的前提下，实验设计是简单的过程，关键是要注意严密性，尽可能减少漏洞。也就是说，为了证明你的论点，需要获得哪些实验证据来进行具有极强说服力的阐明。换而言之，当目标明确时，达到目标的方式方法会有多种，选择有效的一至两种即可。所以，在阅读文献时，要格外留心文献中证明论点的方法和途径。在医学和生理学研究中，最好在整体、器官与细胞及分子水平，都能提供强有力的证据。

6. 为了准备读书报告　在研究生培养的开始阶段，导师通过作读书报告的形式来培训研究生的阅读能力与表达能力，这也是引导研究生读懂研究论文的较好方法。以读书报告为目的的阅读一般是要读三遍的，对于研究的背景、思路、主要结果与新发现、重要的技术方法要进行介绍，关键是对该论文的优点和缺点，需有较深层次的理解。这个阶段如果阅读量比较小，就需要扩充大量的知识，以了解研究背景与相关技术。

7. 为了跟踪研究前沿　这是资深研究工作者的必修课。研究前沿是一定要跟踪的，研究者既然以科研为职业，平时必须坚持多多浏览文献，查看最新进展。看到与自己研究工作相关的文献，还应进行深入的阅读。浏览文献时的关注点分别为：重要的期刊，几个开展相关研究的作者和实验室，以及自己关注的几个主题。

三、带着问题阅读

提高阅读效率的另一方法就是带着问题阅读。如果总是泛泛地阅读文献，即使读成千上万篇，也读不出什么名堂来。人的思维方式决定了大脑在解答问题的过程中，其运作效率最高。因此，当遇到有待解答的问题，且身边的人回答不了或不满意时，便要在文献中寻找答案。

在科研过程中，问题的来源有下列几个方面：

1.解决老问题时发现新问题。

2.比较异同时发现问题。在阅读文献的过程中，对相近的文献进行列表比较，自然而然就能发现新的问题。

3.寻找相互联系时发现问题。

4.整合全貌时发现问题。

5.逆向思维时发现问题。

6.最高境界就是在文献的字里行间发现问题。就像鲁迅先生在《狂人日记》中写的，主人公发现在每一行间都写着吃人一样。这就是说，如果能在字里行间发现言外之意，往往就能够看出问题。

一般情况下，发现问题的过程，实质上是一个创新过程的初始阶段。

下面举例说明在解决老问题的过程中发现新问题：前面举例的Inagawa K.等的论文中，我们提出了为什么要选择GMT转录因子这一问题。为了回答这一问题，就要分析其研究思路。在引言中，他们重点介绍了参考文献3，说明他们实验室已在体外的实验中，通过将Gata4、Mef2c与Tbx5联合转入心成纤维细胞，培养出能搏动的心肌样细胞。在这项研究中，他们拟在活体上将心成纤维细胞转化为心肌样细胞，并明确其能替代性修复因缺血-再灌注损伤的心肌。这样，就要追踪参考文献3，此项研究受到iPS的启发，多个保持细胞干性的转录因子联合作用，可将皮肤成纤维细胞转化为全能的诱导性干细胞（iPS），所以，发育过程中的重要转录因子联合作用，也可能实现细胞的转分化。他们看到文献报道将bHLH、Neurogenin 3、Pdx1和Mafa转录因子联合转入胰腺外分泌细胞，使之转分化为β细胞。另有研究报道将Ascl1、Brn2和 Myt1l转录因子联合转入皮肤成纤维细胞，其就会进一步转分化为神经元细胞。这些研究均表明他们的想法是合理的，具有可行性。在心肌细胞发育过程中，有14个转录因子决定从干细胞向心肌细胞的纵向分化，即心肌细胞的发育。因此，他们也采用建立iPS过程中筛选转录因子的方法，将这14个转录因子进行不同的组合，然后转染心成纤维细胞，最后发现Gata4、Mef2c与Tbx5三个转录因子组合，可获得搏动的心肌样细胞。也就是说，决定心肌细胞纵向分化的Gata4、Mef2c与Tbx5转录因子，转染进入心成纤维细胞后，可诱导其转分化为心肌样细胞。弄清楚了为什么要采用GMT转录因子，接着就产生了新的问题：不同的转录因子组合，可将细胞转分化为特定的细胞，那么，相同的转录因子组合，能否使不同的细胞转分化为相同的细胞呢？即将GMT转染到心内皮细胞，能否也能使之转分化为心肌样细胞呢？因为心肌组织中，内皮细胞的数量也是比较多的。到PubMed查看，发现还没有这方面的研究，可见其具有一定创新性。这样，自己回答了老问题，又提出了新的问题，如果细心分析，越追踪问题会越多。这种方式对于撰写基金申请书中的立论依据，是非常有好处的。

从比较差异中发现问题：众所周知，CD147高表达是肿瘤转移的标志性分子，但是，我们发现CD147在心肌细胞中也高表达。进一步分析发现，在肿瘤细胞中CD147糖基化程度高，而在心肌细胞中CD147糖基化程度低，心肌细胞本身没有发生肿瘤的报道。因此，提出问题：CD147糖基化程度是细胞癌变的决定性因子吗？CD147糖基化程度是肿瘤转移的决定性因子吗？在文献阅读过程中，通过列表进行比较，能发现许多问题。

在寻找事件的相互联系中发现问题：以一篇综述为例，该综述分析了细胞的三种死亡方式（自噬、凋亡和坏死）之间的相互联系，认为三者的连接点在线粒体。线粒体遭受轻度应激可以诱发细胞自噬增强，中度应激可以引起凋亡，重度应激导致坏死（图3）。然而，该综述的另一幅图显示：无论自噬程度过低还是过高，都会导致细胞死亡，只有在细胞自噬程度适当时，细胞才得以存活（图4）。比较两幅图，就会提出问题：何种程度的应激可引起过量自噬而不引起凋亡呢？这篇文章没有说明。这就是在寻找联系的过程中发现的问题。当提出一个好的问题后，深入地追究，自然就会形成好的研究思路。所以，带着问题去阅读是提高阅读效率的最好办法。

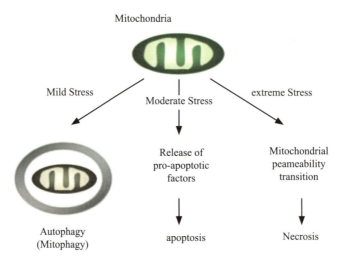

图3　自噬、凋亡与坏死的进程

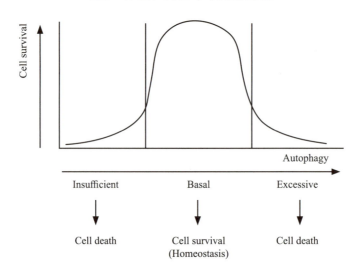

图4　自噬在细胞存活中的作用

一边阅读，一边解决问题，又发现新的问题，如果能将这个过程记录下来，当出现通过查阅文献无法解决的问题，而且这个问题又比较重要时，自然就凝练出了一个科学的问题。而将发现问题的过程逐步写出来，就构成了立论依据及对国内外研究现状的分析。这是笔者撰写基金申请书时的深刻体会，供大家参考。

四、研究生阅读文献的步骤

研究生该如何阅读文献呢？下面提供几个步骤：

首先讲硕士生如何阅读。第一，硕士生读文献先要熟悉专业词汇。刚开始可能有很大的困难，但是不要急躁，读了七八篇文献后，专业词汇就基本熟悉了。有一点要注意，不能今天读一个领域的文献，明天又读另外一个领域的，这样总是被专业词汇阻碍，难以顺利阅读。所以，要盯着一个领域去阅读，不要贪多。第二，掌握必要的专业背景知识。比如读些中英文教科书、专著和大综述。第三，阅读要力求读懂。大家可能觉得哪有研究生读不懂的文献，事实上，当心情烦躁时，当被手机或生活中的诱惑不断干扰时，当不求甚解时，尽管读了几十甚至上百篇文献，真正读懂的也不多。

对于博士研究生来说，前面两个步骤是可以省略的，特别是硕士研究生阶段训练有素的博士生。但是，仍要提醒的是：博士生莫要以为所有的文献都能读懂，其实有些文献需要反复多次阅读才能读懂。博士生在读懂的基础上应该有更高的要求，即阅读文献不仅要能读"通"，还要能尝试能读"出"。什么是读"通"？即阅读后能将多篇文献的内容融会贯通，检验的标准是发表综述。怎样算读"出"？就是要能独立凝练出科学问题，设计出课题，并撰写开题论证报告。如能获得课题资助，则是读"出"的最好标志。

研究生为了能读懂、读"通"与读"出"，须边阅读边做笔记，这个传统而"笨拙"的方法是不能抛弃的。推荐大家用5R笔记法，即Record（记录）、Reduce（简化）、Recite（背诵）、Reflect（思考）与Review（综述）。

读到与自己有关的研究结果，用卡片的形式记录下来。随着阅读文献数量的增加，记录的卡片也越来越多，这时就要开始做减法而不能做加法。如何做减法呢？例如，你有大量的研究数据，让你讲60分钟的学术报告，是很容易准备的。如果缩短到30分钟，则要进行取舍，要反复思考，哪些是重要内容，哪些是次要的内容。当只能讲5分钟时，就非常难了，既要讲出你研究的精华，也要让大家觉得你的研究具有重要性。这时，你必须对自己的研究内容烂熟于心、融会贯通，并高度地凝练出来——这就是所谓的做减法。对阅读的文献进行整理和分类，是一个对知识进行梳理的重要过程。思考应该贯穿整个阅读过程：阅读时要思考，以便提出问题，回答问题；文献分类过程中需要思考，以便归纳总结他人的研究结果；最后撰写综述时，更要深入地思考。撰写综述，不仅仅是为了完成学位论文，更重要的是需要对阅读的内容进行总结归纳，做到融会贯通，使自己真正成为该领域的专家。

这一讲内容可以归结为：一篇论文，二法阅读，三次纵览，七种目的，六大疑问，五R笔记。希望通过这样高效而有用的阅读，使大家满心欢喜，受用无穷。阅读要做到高效与有用，关键是要读懂、读"通"、读"出"。

最后用泰戈尔的诗与大家共勉：I leave no trace of wings in the air， but I am glad I have had flight（天空不曾留下飞鸟的痕迹，可我已飞过）。

飞过无痕，快乐有迹！

第二讲

如何撰写综述

描写独到见解

撰写医学综述是科学研究活动的起始阶段，亦是重要的环节之一。要写好医学综述，应该对其特点、规范与核心内容等方面有一些了解。同时，要掌握一些写作的技巧。

一、综述的定义与特点

什么是综述？为了形象生动地回答这个问题，可以以王国维先生的《人间词话》为例。《人间词话》是王国维先生基于五代与北宋之词而写的一本文学综述。我们常提及的做学问的三种境界即出自此书。

> 古今之成大事业、大学问者，必经过三种之境界。"昨夜西风凋碧树，独上高楼，望尽天涯路"，此第一境也。"衣带渐宽终不悔，为伊消得人憔悴"，此第二境也。"众里寻他千百度，蓦然回首，那人却在，灯火阑珊处"，此第三境也。

"词以境界为最上。有境界，则自成高格，自有名句。五代、北宋之词所以独绝者在此。"《人间词话》开宗明义，写出自己独特的观点，并构成全书的灵魂。王国维首创"境界"这一概念，不能不说是一种创新，而此创新是基于大量的阅读基础（林大椿编纂的《唐五代词》，收录1148首词；而唐圭璋的《全宋词》，则收录宋词20000首），思想升华凝练而出。

在亮明自己的观点后，王国维先生紧接着展开阐述，并用他人的词句进行佐证：

观点1：有"有我之境"，有"无我之境"。

佐证："泪眼问花花不语，乱红飞过秋千去"，"可堪孤馆闭春寒，杜鹃声里斜阳暮"，有我之境也。

"采菊东篱下，悠然见南山"，"寒波澹澹起，白鸟悠悠下"，无我之境也。

有我之境，以我观物，故物皆著我之色彩。无我之境，以物观物，故不知何者为我，何者为物。

观点2：境非独谓景物也，喜怒哀乐亦人心中之一境界。故能写真景物真感情者，谓之有境界。否则谓之无境界。

佐证："红杏枝头春意闹"，着一"闹"字而境界全出；"云破月来花弄影"，着一"弄"字而境界全出矣。

如果试图将"闹"字改为"满"字，"弄"改为"投"字，则感觉大不相同。为什么"闹"与"弄"更好呢？除了具有明显的动感外，还有拟人化的手法在里面，如美人喜欢搔首弄姿，所以潜台词是将花比拟为美人了。

观点3：境界有大小，不以是而分优劣。

佐证："细雨鱼儿出，微风燕子斜"，何遽不若"落日照大旗，马鸣风萧萧"？

"宝帘闲挂小银钩"，何遽不若"雾失楼台，月迷津渡"也。

通过上面三个例子，大家可对《人间词话》这部"文学综述"有一定的了解。其实，综述就是将某一领域或者某一个专题的大量文献资料经分析整理，比较全面地反映该领域或专题的研究成果与最新进展的一种学术论文。综述具有以下几个特点：①综合性。虽然具有综合的特点，但却不是简单的综合，应该避免对文献的简单复述，也要避免求多求全的堆砌和罗列，且要避免主题的分散或缺乏主题。②评述性。所谓评述，就是对他人的研究结果有自己的分析与看法，并根据自己的观点进行适当的取舍，关键是纵观大量他人的研究后，能形成独特的见解，如王国维的"词以境界为最上"。独特的见解是综述的灵魂。③先进性。综述的内容必须以最近5年的研究结果为基础，不能去总结10年前甚至是40年前的东西。试看下例：

这篇综述的题目为《未折叠蛋白响应小体调节应激反应：关乎生死》（"Modulating stress responses by the UPRosome: A matter of life and death"）。作者阅读大量的文献后，发现随着应激时间和强度的改变，出现不同的标志性蛋白；且应激强度-时间的积分（面积）决定了细胞是控制内质网合成蛋白的质量，还是转向凋亡（图5）。该综述的核心就是它的标题，即作者的独特见解。标题体现了综合性与评述性，参考文献以近5年为主，表明其先进性。

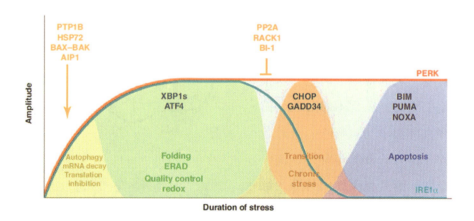

图5　未折叠蛋白响应信号的动态变化及其对细胞命运的影响

二、撰写综述的目的和作用

撰写综述的目的是什么呢？科学研究是在探索未知的领域，就好像我们到一个陌生的景点去旅游，出发前，我们会对景点做相应的"功课"。例如，近年十分流行到冈仁波齐去转山，去之前，为了安排好行程以及在路上分配好体力，应对转山的路线有深入的了解。在网上能找到文字的路线描述：

第一天：进入拉曲峡谷—双腿佛塔—经幡广场—色弄寺—曲登拉约—哲惹布寺（宿），约20公里。

第二天：哲惹布寺—"死亡之地"—"检验石"—卓玛拉山口—托吉错（慈悲湖）—LhamChukhir—补给站—玛尼堆群—仁珠屯寺，约22公里。

第三天：返程，约16公里。

对于没有去过冈仁波齐的人，这段话对于准备行程的帮助不大，因为对上面描述的地点没有任何的概念。进一步查找，得到一幅手绘的地图（图6），不仅有路线，还标明海拔高度，这张图具有一定的帮助。但是，这张图是二维的，还是不够形象，而一张立体路线图（图7），对于行程、体力的分配与食品、氧气的准备，则具有较大的帮助。综述就像这张立体的路线图，可使研究者在围绕某领域开展探索之

图6　冈仁波齐转山示意图（二维）

前，对这一领域的基本情况有一个比较清晰的了解。

　　因此，撰写综述的目的就是要把握本领域和专题发展的规律或发现新的生长点，跟踪研究前沿。其次，撰写综述也是开展教学科研的必备工作技能。如：撰写综述可为编写教科书或专著奠定良好的基础。教科书的内容要求以大家公认或接受的观点、概念与结论性

图7　冈仁波齐转山示意图（三维）

规律为基础，只有通过撰写综述过程中的分析比较，才能确定这些内容；专著则要求以前沿与自己的工作为主，容许包含一些具有争议的内容，这也需要通过撰写综述来完成。又如：申请课题更需要撰写综述。无论哪种类型的课题申请书，都要求对国内外研究现状进行分析，也就是要凝练出科学问题，这实质上是撰写综述的过程，但是写作方面不一样，关于写作方面的不同点与技巧，将在后面专门阐述。又如：撰写研究文章时，其引言和讨论部分，往往是写作的难点，许多作者不知道应该写些什么内容，以及如何撰写。如果有撰写相关领域综述的基础，写引言和讨论就比较从容自如。博士和硕士研究生的学位论文也要求有类似综述的部分，当然与发表的综述相比，学位论文这部分的要求会低一些，但写法与综述基本相似。

　　撰写综述除上述功用外，还具有多方面的益处与作用。①对于研究生和初级的研究人员，写综述可扩大知识面，熟悉文献和资料检索的办法，提高分析问题、归纳问题和综合问题的能力，也能提高研究和学习的兴趣。也就是说，作为初级研究者，写好综述可帮助自己较快地、规范地进入研究领域。②对于中、高级研究者，综述是提出研究假说的基础。在实验中发现一个现象，在提出研究假说时，如果没有国内外大量文献作为铺垫，就无法确定它是先进的还是不先进的，是一个创新还是

一个风险。另外，通过撰写综述，在设计实验时就可知道影响实验的各种可能因素，在实验设计中则可以一一控制，以获得较理想的结果。再者，撰写完综述，对本研究领域有了比较清晰的了解，在实验中观测的目的性也会更强。如果实验观测缺乏明确的目的，往往会忽视重要的信息，甚至让重大发现从身边悄悄溜走。最后，有利于撰写研究论文的引言和讨论部分及撰写基金申报材料。③对于引领行业的专家，撰写综述也是非常重要的。通过撰写综述可将一段时间内的研究工作进行阶段性总结，有利于校准研究方向，或是建立新的理论，或是发现新的生长点。希望在未来的20年内，我们国家会出现一批建立新理论的科学家，发表引领性综述。这些综述，不仅对从事相同或相近研究工作的人具有指导作用，而且能进一步奠定作者在该领域的学术地位。能在公认的专业顶级期刊发表一篇邀请综述，那就表明你在这个领域具有非常高的学术地位。如在《生理学综述》（*Physiological Review*）上发表综述的科学家，有许多是诺贝尔奖获得者。

三、经典综述的类型与解析

万事起步时，均有一个模仿的过程。所以，为了写好综述，需了解国内外综述的类型，并对这些综述进行基本的解析。综述大致可分为三类：邀请综述、简短综述与一般综述。邀请综述由行家撰写，能引领研究的方向，是我们做科研必须要看的文献，而且要仔仔细细地看，反复地推敲。简短综述由先锋专家撰写，简述最新研究进展，对于捕捉研究热点帮助较大。最多的是一般综述，由研究者、博士或硕士撰写，阐述有规律性的独特见解。

举一个邀请综述的例子。在生理学领域有个顶级期刊*Physiological Review*，每年只有四期，每期仅发表四至五篇综述。选一篇邀请综述，题目为《心肌AKT：广域网》（"myocardial AKT: the omnipresent nexus"），作者Mark A. Sussman曾发现AKT在心肌细胞核内的定位存在性别差异。他以前的研究工作主要关注细胞的增殖与分化，在研究中发现AKT向核转位，并确立AKT的核定位，同时发现具有性别差异，因此发表了一系列相关的研究论文，奠定了他在这个领域的开创者地位。所以*Physiological Review*邀请他全面介绍这方面的研究工作。这篇综述有十二章，可分成四部分。第一部分与第二部分为AKT基础知识的介绍，包括AKT的生物学基础、心肌中AKT含量及其异构型、各种生理与病理生理条件下AKT在心肌中的作用。接着用两幅图和两张表，总结性地介绍了心肌细胞中AKT信号通路及其涉及的关键性分子，总结了AKT的上游信号转导通路（图8），给出了AKT通路影响mTOR蛋白复合体的全貌（图9），两张表中详尽列出信号转导通路上所涉及的关键性分子。读者看完这两部分，对心肌AKT就有了全面、基础性了解。紧接着，第三部分介绍了心肌AKT与线粒体、心肌细胞收

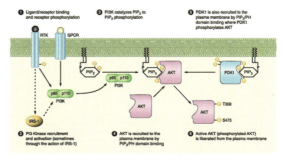

图8　AKT上游信号转导通路

缩及钙信号、血管生成和mRNA调控的关系，这部分内容更为深入。第四部分为整个综述的落脚点，除展示作者的创新——性别对AKT影响，还阐述在病理损伤条件下，心肌AKT所发挥的作用，并用一幅AKT信号转导通路与心肌糖代谢、生存、增殖和生长的关系图，进行全面的总结（图10）。最后得出结论：AKT是心肌中关键性调节激酶。

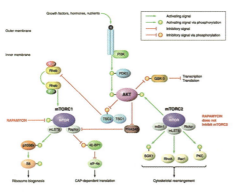

图9　AKT影响mTOR复合体的信号通路

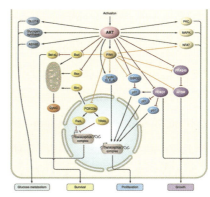

图10　AKT作用靶点一览图

这篇大综述引用了700篇文献，笔者做了一个粗略的分析，近3年的文章占了14%，3至5年的占了25%，6至10年的占了44%，因为必须引用一些经典文献，所以10年以前的文献占17%（图11）。这强烈地提示：引领行业的综述以总结近10年的研究为主。撰写课题申请书时，国内外研究现状分析中所引用文献，近五年的应占70%以上，否则不具备先进性。在这个综述里，作者自己的文章有17篇，占比并不高，但他毕竟是在该领域做出了开创性的工作。通过解析这个大综述，我们看到如下特点：①作者是做出开创性研究工作的专家；②作者的研究工作是该领域的一个重要方面，而不是全部；③作者是近十年来该领域的活跃者之一；④全面总结出近十年来心肌AKT的研究工作对于进入该领域并指导相关的研究工作，具有较大的帮助。该综述的结构特点就是用3幅图、4张表进行高度概括，使读者一目了然。

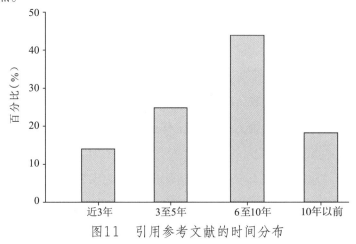

图11　引用参考文献的时间分布

再举例分析简短综述。这篇综述源于《细胞生理学》杂志（*J cell physiology*），题目为《生理和应激状态下，心肌细胞介导基因表达的信号转导通路》（"Signaling pathways mediating cardiac myocyte gene expression in physiological and stress responses"）。该综述总结了当时的热点问题，首先归纳了在生理状态下，调节心肌细胞基因转录的四条蛋白磷酸激酶信号转导通路，构成文章的主体部分；然后介绍在心肌肥大或凋亡刺激时，这些信号转导通路如何发生响应，以及响应的规律，并提出了具有见地的调节模式：即新的刺激经受体介导，影响细胞内磷酸化或去磷酸化信号转导通路的活性，引发结构性元素立早基因（IEG）的转录，翻译出立早基因蛋白，形成立早基因调节元素。如果又有刺激作用，则引发第二相调节基因的表达；第三波的刺激则激发第三相基因表达，最终引起心肌结构与功能的改变。不仅如此，作者还归纳了三相基因表达的时间规律，并用图展示出来（图12）。这是该综述的核心部分，其基于他人研究结果总结出来的规律，形成了创新的见解。这类综述的特点有：作者为本领域活跃的科学家，针对某一热点问题进行综述，有利于读者了解概貌和研究前沿。但是阅读这样的综述，读者要具备较宽广的知识背景。

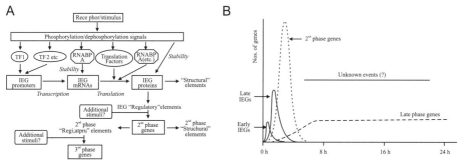

图12　蛋白激酶/磷酸酶对基因表达的调控

《循环研究》（*Circulation Research*）上不定期组稿专题综述，比如介绍心肌细胞炎性反应的系列综述，这类综述对于了解研究前沿非常有帮助。2012年心肌炎性反应系列专题中，有一篇题目为《鬼火：健康与疾病条件下心肌炎性信号》（"The fire within: cardiac inflammatory signaling in health and disease"），有趣的是这篇综述的题目用了一个俗语"the fire within（鬼火）"。这篇综述简洁明了，第一部分归纳了心脏炎性反应的初始因子，第二部分描述炎性信号转导通路上的关键性分子，第三部分阐述其他信号转导通路与炎性信号通路之间的交互作用，最后归结为在临床治疗中的应用。这篇综述最有价值之处是绘出一张心肌细胞内炎性信号的"联络图"（图13），将细胞外五种炎性因子刺激，经五条信号转导通路调节细胞核转录，以及五条信号通路之间的交互作用放置在一起，使读者很快了解全貌。这幅图是作者的创造，对他人研究结果的高度概括也是一种创新。这篇综述中，作者自己的文章占10%左右，这类综述作者自己的研究论文一般占到5%~10%；近五年的文献超过40%，而近十年的大于75%，其它都是一些必须要引用的经典文献。这类综述的特征为：作者是在本领域有新发现的科学家，针对某一专题综述其研究前沿，对读者寻找新的生长点有帮助。

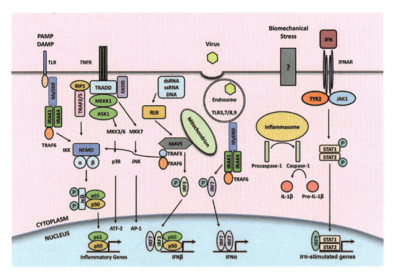

图13　炎性信号转导通路总览图

四、综述的写作步骤与技巧

当研究者具有很强的写作目的性，又知道综述的特点，并从典型的综述中获得了启发时，就该动手"撰写综述"了。撰写综述的第一步是选题。确定了好的选题写作即成功了一半，但是，确定选题不是一蹴而就的事情，选题是在阅读大量文献，有了写作提纲后才能初步确定。依据选题，广泛地收集资料，并对资料文献进行梳理和提炼，进而整理出写作提纲，再根据写作提纲补充资料，最后静下心来进行写作，最好短期内形成初稿。初稿写出后，先放几天，然后进行反复的修改和讨论。最好自己主动给同行讲一次，大家所提意见对发表很有帮助，最后定稿。

1. 确定选题

硕士研究生的选题一般是导师的课题或者由导师指定的题目，因硕士研究生以向科研转型与进行科研培训为主，故这种选题方式是符合培养规律的。博士研究生则最好在以前的课题基础上进行延伸或拓展，也就是说设法自己独立确定选题，这种方式对于培养博士生的创新能力，以及对导师的课题深化均有益处。对于长期从事科研工作的人员，课题一般来源于两个方面：一个是科研工作中迸发出的思想火花，另一个是长期兴趣的积累驱动。

确定选题时有几点需要时刻注意：主题宜小，莫贪大；主题要明确具体，莫含糊不清；主题应单一，莫繁杂。不要写一个很庞大、很笼统的题目，国外很多好综述，甚至是邀请综述的题目都不大，均是聚焦在某一点上。最好不要采用"什么什么的作用"或"什么什么的影响"这类含糊的题目，用自己的独特见解作为题目是首选。准备写的内容要单一，一两个层级足够了；不要枝外生枝，五六个层级，层层叠叠。

2. 收集资料

现在网络发达了，收集资料变得快捷，这一步重要的是选好关键词，建议将Pubmed和google联合使用。先用一个较大的关键词，比如用"心肌细胞"去检索，记录下检索出的文章数量，并大致浏览一下，预估文章的相关性。然后用"心肌细胞"和"CD147"联合去查，这样检索出的文章就会少很多，逐篇查看检出文章的题目与摘要，保存相关性高的文章。收集到80%左右的相关文献后，就可以进行分类和编号，也可以在开始时就进行此项工作。采用文献管理软件管理文献，英文的软件有Endnote，建议采用中文的NoteExpress，这个软件的好处是可录入中文文献。因科研不是集邮票，收集文献后，一定要通读所有文献，并针对摘要做笔记，建议用NoteExpress做笔记。将笔记写在Word文档中，并插入对应的文献，更有利于后面撰写综述时随时调用所需文献。

3. 整理和提炼

这是整个撰写过程中最难、花费时间最多、付出精力最大的一个环节，只有做好这个环节，才能凝练出独特的见解，综述才有闪光点。

整理与提炼文献的第一步，是在泛读文献的基础上，挑选出重要的文献，并在泛读时形成一个初步的梗概。第二步是精读重点文献，所谓精读，就是先通读一遍论文，然后将多篇相关的论文放在一起，通过列表和（或）做图进行比较，这方面的功夫下得足，独特的见解跳出来就是水到渠成的事情。提出了核心的论点和自己独特的见解，再完善梗概，为写作提纲的形成打下基础。举例说明，首先精读至少3篇本领域高质量期刊的相关综述，了解基础知识与全貌，迅速找出研究热点与前沿，然后找出尚待解决的重要问题，形成初步梗概。再精读选出的重要文献，边读边进行列表或绘联络图，归纳与提炼独特的见解。以我们研究团队撰写的《横纹肌肌浆网钙释放通道的调节》为例：我们在阅读综述时，看到心肌细胞和骨骼肌细胞雷诺定受体（RyR，ryanodine receptor）调节的扫描电镜与模式图，两者之间存在明显差别。于是就列表比较心肌与骨骼肌中参与调节RyR的全部分子，并结合文献上一幅"RyR结合位点和调节位点"的模式图，以及RyR上具有众多氧化还原位点的模式图，初步形成一个概念：无论在心肌细胞还是骨骼肌纤维内，RyR是胞内小分子调节的汇聚点与氧化还原感受器，除氧化还原调节RyR外，磷酸化和去磷酸化亦是重要的调节机制。因此，当这些关键位点发生突变时，将导致多种心肌或骨骼肌疾病，这样就形成一个梗概，在后续的文献阅读过程中，补充与完善写作提纲，写出了这篇综述。

4. 写作与推敲

写成初稿后，一定要反复地推敲。给大家介绍一个入门级的写作格式，仅供参考。先写引言，即对将要阐述问题中的重要概念进行定义，必要时用一两句话简要地描述历史、概貌与意义，引言控制在300字之内，写得要有力度，以便吸引读者，一般将此称为文章的"虎头"。紧接着是基础知识的描述与铺垫，然后阐明主题的一个方面，再阐述主题的另一个方面，最后将两个方面的联系和差异进行比较，构成文章的主体部分。结束语部分要收得有力，是在新的高度与深度上，重复标题与摘要中的重要内容，也就是俗称的文章的"豹尾"。

举个我自己文章的例子，虽然不是经典，但能谈些体会。综述的题目是

《心肌细胞缝隙连接重塑与心律失常》，最初的标题为《心肌缝隙连接的非均匀化、侧面化与去磷酸化与心律失常》，我们认为这是该综述的核心内容，也是我提炼出的独特的观点。在发表过程中，有评阅人不认同这样的写法，故改成国内比较接受的大众化标题。先通过引言简介了心肌细胞缝隙连接蛋白的分子生物学特征，以及正常心脏缝隙连接蛋白的表达、组装与定位的调控。文章设计时，是试图回答什么是心肌细胞的缝隙连接。接着，描述在心肌疾病条件下，缝隙连接重塑：缺血-再灌注损伤后缝隙连接的重塑，心肌肥大过程中缝隙连接的重塑，心衰心肌缝隙连接的重塑，以及其他心脏疾病中缝隙连接的重塑。即回答了心肌缝隙连接发生了哪些重塑，构成文章的一个主题。仅仅写这些显然不够，因一切基础研究的目的是为临床服务的，因此必须将这些缝隙连接的重塑与心脏疾病相关联，构成另一重要的主题。所以，进一步阐述缝隙连接重塑与心律失常的关系，并绘制一张联络图（图14），总结归纳我们提出的独特见解：缝隙连接非均匀化与侧面化、缝隙连接蛋白CX43表达降低与CX43去磷酸化导致心律失常。

再举个国际期刊上发表综述的例子，这篇综述的题目是《未折叠蛋白响应小体调节应激反应：关乎生死》（"Modulating stress responses by the UPRosome: A matter of life and death"）。这篇综述的题目即是作者提出的独特见解，既然UPR小体决定细胞的生死，自然在综述的开篇就要定义什么是UPR小体，因神经退行性变、癌症及糖尿病影响内质网蛋白折叠，将内质网未折叠蛋白响应小体与常见疾病关联，其重要意义不言自明，读者也会产生浓厚的兴趣，迫不及待地欲知道内质网蛋白合成、折叠、运输与质量控制的分子网络。了解了内质网蛋白折叠的生理过程，当然会关注疾病条件下未折叠蛋白诱发形成的UPR小体，以及当前的热点问题——内质网应激。最后回到主题，了解UPR小体如何决定细胞的存活、自噬或凋亡。这个综述之所以精彩，在于它先给出独特的见解（题目），再按照读者思维顺序与心理期待，层次分明地进行阐述，并且紧扣主题。大家可细细揣摩，以获得启示。

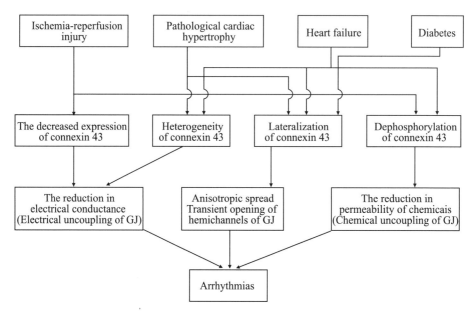

图14 缝隙连接重塑与心律失常的关系

顺便介绍一些写综述的小技巧：①题目要有吸引力；②三段式描述紧扣标题；③层层递进、环环相扣；④重要论点三处重复；⑤手绘一幅"联络图"；⑥"零散的重要部件"装进表格里。

综述写完了，如何判断其优劣呢？可从四个方面入手：①独特的见解；②清晰的层次；③严密的逻辑；④前沿的结果。

综上所述，撰写综述的要义为：综合归纳大量文献，形成自己的观点；围绕自己的观点，进行有层次的评述，评述时借用他人和自己的研究结果。

撰写综述最关键的还是自己去练习、去实践。实践、实践、再实践，最终成就精彩！

如何凝练科学问题

一枚金币的两面

在各种课题的申报过程中，特别是国家自然科学基金的申报过程中，申报人收到的评审意见，往往赫然写着一条：没有较好地凝练出科学问题，或者科学问题凝练不充分，或者对提出的科学问题凝练不到位……看到这一条意见，申报人觉得很委屈，也很郁闷，"我明明写出了科学问题呀！""怎样才是凝练出科学问题呢？"最近几年，申报者都很重视凝练科学问题了，许多人在申请书中专门用下划线标出科学问题，生怕评阅人看不到申请书中所提出的科学问题。但是，为什么评阅人依然说申请书提出的科学问题凝练不到位呢？近些年来，《国家自然科学基金项目指南》要求大家凝练出科学问题，特别强调申请人根据自己的研究基础凝练出独特的科学问题。那么，如何凝练科学问题？特别是如何凝练出独特的科学问题呢？

一、申请书的整体观

在撰写申请书之前，一定要对所申请的内容有一个整体而清晰的认识，在脑中对于科学问题、科学假说或研究思路、研究方案与目的以及研究基础，具有比较清晰的脉络。最好将脉络写在一张纸上，以便在整个撰写申请书的过程中作为提纲使用。科学问题、科学假说或研究思路、研究方案与目的以及研究基础是一个有机的整体，相互依存、相互映衬而又各有自己的作用。科学问题是核心所在，必须经过高度的凝练而确立。科学假说也称研究工作假说，是对科学问题给出的科学解释，所以又称为研究思路。犹如一枚金币的正反两面，相互依存，缺一不可。科学假说表明的是自己的独特观点，故也称为论点。立论依据则是通过对国内外研究现状的客观分析，一方面要表明科学问题的重要性与科学性，另一方面是要为研究假说中所提出的论点，给出令人信服的依据。需要提醒的是，这些立论依据均是线索或提示，如果有直接的证据，该项申请就失去研究的必要性了。研究方案与技术路线，均是为实现研究思路而设计的。换言之，研究内容实质上是对研究思路的指标化，研究方案则是对研究内容的进一步细化，并根据轻重缓急设计出实验观测的先后顺序，以及可能的补救措施。技术路线则从整体角度，一目了然地列出各观测指标之间的内在联系与作用。研究目标主要在于限定研究内容的边界，让研究内容既能符合研究思路，可以圆满地回答科学问题，又不会成为无边界的广泛观测。为了让评阅人对课题研究有更深刻的印象，研究者对研究方案与技术路线，要从不同的角度，重复描述其可行性，突显课题的特色与创新性。

总而言之，研究课题的创新性在申请书的三个位置均要体现：一是标题，二是研究课题的特色与创新性，三是立论依据。

二、独特的科学问题

在凝练科学问题的过程中，最容易出现的情况是科学问题过大，或者过于笼统，如"人类从何而来？"是一个涉及人类起源的科学问题，但是，这个问题太大，通过短短3~4年的研究，很难找到接近正确的答案。像"人类衰老的机制是什么？"这是当前生命科学领域的热点科学问题之一，但是过大且过于笼统，短期内难以通过实验研究给出令人信服的科学回答。现在有一种不良倾向，就是依据自己实验室的优势，拟开展跨领域研究，便自设一个问题。如某申请人在外泌体的相关研究中，发表过较有影响的研究论文，是生命科学领域的基础性研究工作，在拟开展航天医学领域的研究时，便自设一个科学问题：航天失重致骨骼肌萎缩的关键性调控因素是外泌体miRNA-293p。在航天医学领域，公认的废用性骨骼肌萎缩的关键调控因素是肌张力，不能断然否定外泌体miRNA-293p的作用，但在影响的权重方面，应该是比较细枝末节的部分，自然很难得到评审人的认可。所以，根据自己的研究基础凝练出独特的科学问题就非常重要，对于具有研究基础的申请人，最好是自己以前研究的拓展。对于刚刚进入某一领域的新手，从工作实际或者文献资料凝练出科学问题则是必经途径。

所谓独特的科学问题，其独特性主要体现在创新上。一个具有创新性的科学问题，其独特性自显。另一方面，所提出的科学问题，一是要清晰明确，二是要在课题研究期内可以找到有说服力的答案。

三、清晰的研究假说

针对凝练出的科学问题，依据国内外已有研究线索，以及自己预实验提供的初步证据，给出清晰的可能答案，也就是研究假说，或者称之为研究思路，这是整个申请书的核心部分。其特点为：对所提出科学问题的回答，是依据国内外他人的研究所提供的线索，做出的合乎逻辑的推理，最好自己有前期的预实验，提示这种推断大体是可靠的。因此，在国内外研究进展与研究现状分析部分，写作重点围绕科学假说而展开。换而言之，在写作之前，先大量阅读文献，梳理出研究思路，然后进行必要的整理归纳，再动笔写这一部分。有研究者认为这部分是按照设计的提纲而写，这是抓住了这部分的关键所在。只有这样，才能避免对相关研究内容的简单罗列，不会写成面面俱到的综述，而是陈述与研究思路密切相关的国内外研究线索，并设法使之符合你回答问题的逻辑。

为了便于理解，以笔者课题组一项中标并获得较好研究结果的课题为例进行说明。在慢性压力超负荷（高血压）条件下，左心室出现代偿性、向心性肥厚，并使心功能增强，克服后负荷增高的影响，降低室壁应力。左心室肥厚到一定程度后，将会逐步转向心力衰竭，然而，其机制并未完全阐明。因此，便产生科学问题：代偿性肥厚的左心室如何转向心衰？该领域文献中较为一致的看法是：肥大的心肌细胞凋亡率增加，导致了心衰。通过阅读大量文献，我们发现关于肥大心肌细胞凋亡率增加的机制，已经有多种学说：心肌细胞相对缺血/缺氧，或者肥大心肌细胞内钙离子超载，或者肥大心肌细胞兴奋-收缩耦联环节上关键性蛋白分子功能改变，或者肥大心肌细胞内收缩装置发生重塑，激活内源性线粒体凋亡通路等等。尽管如此，这一问题并没有获得满意的答案，因此，临床上治疗效果未能提高。我们在前期的实验中，发现肥大心肌细胞随着肥大程度增加，其凋亡易感性亦增加。同时获得一些实验数据，表明肥大心肌细胞中性蛋白酶calpain-2向核转位，可能介导凋亡易感性增加。在这些基础上，我们提出研究假说：calpain-2核转位可能调控腹主动脉缩窄高血压大鼠肥大心肌细胞凋亡易感性。这样，申请书的核心就是获取肥大心肌细胞calpain-2核转位而调控其凋亡易感性的实验数据，并阐明凋亡易感性增高的可能机制。

为了让评审专家基本上能认同我们的观点，我们要在国内外研究现状及发展动态分析部分，进行有理有据的阐述。首先，通过对心力衰竭发生机制的高度归纳，提出"凋亡在肥大心肌转向心衰的过程中发挥着至关重要的作用，然而，介导肥大心肌细胞转向凋亡的信号转导通路目前尚未完全阐明。"这是目前较为一致的观点，所以，评审专家是认可的。接着，简要地描述肥大心肌细胞凋亡率增高的两条信号转导通路：死亡受体通路与线粒体-细胞色素C通路，这也是公认的信号转导通路。但是，不能让专家去做选择，因此，应直接提出：关于肥大心肌细胞凋亡率增加的机制，大多研究认为是激活了线粒体-细胞色素C凋亡通路。将思路向一个方向引导，也就是向申请人期望或设计的方向引导。当专家被你引导过来后，马上设问："那么，肥大心肌细胞凋亡易感性增高是通过改变哪些凋亡通路调节分子而发挥作用呢？"因为专家对于线粒体-细胞色素C凋亡通路是熟悉的，所以没有必要详细描述这一通路，而是在calpain-2核转位与此通路的联系上下功夫。如果写作者的科研思路不清晰，便会大篇幅地介绍线粒体-细胞色素C凋亡通路，因为资料多，好写。但如果是这样，思路就跑偏了。

依然是按照从熟悉向陌生的套路引导思路，先高度概括calpain是什么，有什么特征，重点放在细胞内Ca^{2+}是calpains的激活因子上（这里也是写主要的，calpains具有多方面的生物学特性，不能全面地描述，否则又跑偏了）。进而，用以往的研究结果，表明calpains在肥大心肌细胞中的作用，即calpains活性增高可能加速肌节蛋白更新而促进心肌细胞肥大。机体内有许多分子具有双刃剑作用，控制得当，会发挥其有利的一面；失去控制，则暴露出其不良影响。所以，接下来就是要巧妙地写出calpains分子作用的这种两面性，而且要以前人的研究结论为依据，不能凭空描述。引用较为有分量的文献（最好是具有权威性的综述）来表明：calpains可参与机体多种细胞凋亡的发生与发展，并描述其已知的分子机制。这方面的内容可以涉及其他种类的细胞，以表明是普遍现象，但是，最后必须收在心肌细胞上。接下来就是重点阐述部分：calpains参与肥大心肌细胞凋亡敏感性增高的可能机制。一是详述引起肥大心肌细胞内calpains活性增高的因素，以及激活后的calpains可能发挥怎样的作用，特别是向核转位的calpain-2。二是提供核转位的calpain-2可能调控的信号转导通路的线索。在此基础上，顺理成章地提出研究假说：压力负荷经目前已知的信号转导通路引起心肌细胞肥大，同时引起心肌细胞内Ca^{2+}与ROS浓度增高，导致calpain-1与calpain-2活性升高，向Z线转位则加速肌节的更新而促进心肌细胞肥大；激活的calpain-2亦向核内转位。在高血压后期，为了进一步增加代偿能力，交感神经系统活性逐步提高，心肌局部去甲肾上腺素（NE）浓度相应升高，经β-肾上腺素能受体激活核质网钙转运系统，使肥大心肌细胞核内Ca^{2+}浓度升高，进一步增加转位至核内的calpain-2活性，从而降解核内CaMKIIδB，而CaMKIIδB又是Bcl-2的重要调节因子，从而诱导胞浆Bcl-2表达降低。因此，一旦肥大心肌细胞受到凋亡因子刺激，由于抑制凋亡的重要因子Bcl-2下调，其凋亡敏感性则相对增高。

通过分析这个实例，不难发现，经反复推敲，先写出研究假说，在此基础上，再构建国内外研究现状及发展动态分析部分的写作内容，写出提纲。第一部分通过对查阅文献的高度概括，提出科学问题，第二部分有条理、有逻辑地写出已报道的研究结果，作为支撑科学假说的线索。在撰写时，应由熟悉内容向陌生内容过渡与引导。对于熟悉的内容，不要因掌握的材料多而大书特书，面面俱到，写成文献综述，应该高度概括，重点写与科学假说内容密切相关的知识点，以发挥铺垫作用。对于陌生的内容，依然要围绕科学假说展开，不能写散了。另外，注意语言的通俗与科普性。

四、有限的研究目标与能提供充足实验证据的研究内容及方案

对于一项课题申请，其研究目标当然是通过实验证实所提出的研究假说，但如果目标写得过于笼统，如直接写成："经研究证明本项目所提出的研究假说，……进一步增加转位至核内的calpain-2活性，从而降解核内CaMKIIδB，而CaMKIIδB又是Bcl-2的重要调节因子，从而诱导胞浆Bcl-2表达降低。……由于抑制凋亡的重要因子Bcl-2下调，其凋亡敏感性则相对增高。"这样仅是重复前面的假说，无法令评审人对课题申请人的研究目标和研究思路有确切的把握。

最好依据科学假说，写出阶段目标与最终目标，以及达到这些目标后的可能意义。如，"通过研究，以期达到下列目标：①证明腹主动脉缩窄（TAC）大鼠肥大心肌细胞内Ca^{2+}和ROS浓度升高，激活calpain-2向核转位；②探明TAC大鼠肥厚心肌局部去甲肾上腺素浓度升高，激活核质网钙转运系统，使核Ca^{2+}浓度升高，提高核转位calpain-2活性；③阐明核内calpain-2降解核CaMKIIδB，进而下调Bcl-2表达，减弱对线粒体凋亡通路的抑制，使心肌细胞凋亡易感性增加；④确认抑制calpain-2核转位可恢复肥大心肌凋亡易感性至对照水平，并证明calpain-2核转位为凋亡易感性增加的关键环节，以便为转变心衰的防治策略提供实验依据。"这样将研究假说换个提法，使研究思路更加清晰，也为研究内容与研究方案的设计打下了"地基"。

有了清晰的研究假说或思路，可以与年度研究计划相匹配，接下来就

是设计研究内容与方案。研究内容实质上是将研究假说中的内容指标化，也就是说，选择可靠的观测指标，从至少两个角度或层次来获得实验数据，以证明研究假说。例如，为了实现第一阶段研究目标，设计研究内容为：测量腹主动脉缩窄（TAC）12周与同步对照组大鼠心脏泵血功能、心肌NE浓度、心肌细胞肥大程度与凋亡率的变化。同时观测心肌细胞内Ca^{2+}和ROS浓度，calpains表达、活性与分布的变化。这也可作为第一年度的研究计划。这项研究内容中，既有整体观测，也有细胞与分子水平的观测，其观测指标分别是心脏泵血功能、心肌NE浓度、心肌细胞肥大程度与凋亡率，心肌细胞内Ca^{2+}和ROS浓度、calpains表达与活性及其分布。当然，这些观测指标比较粗，其中心脏泵血功能的具体指标是什么，则在研究方案与方法中体现，如采用B超来评测心脏泵血功能。而技术路线则是协调整体、细胞与分子之间观测的顺序、路径，以最大程度地利用标本，既保证从不同角度的指标相互印证，又防止不必要的重复。另外，还包括观测不到阳性结果时，可能采取的补救措施与方案。所以，只有研究内容、研究方案与技术路线匹配得好，才能让评审专家形成这样的认识：该申请项目一旦中标，就能按照申请书中设计的路线图来完成实验。

五、课题是切实可行的

课题是否可行，主要体现在科学假说是否科学合理，以及能否达到研究目标。申请书中有专门的可行性分析，申请者可从理论与技术两方面对提出的假说进行再一次的说明，但是不能泛泛地描述，更切忌找个所谓的"模板"进行复制，使"可行性分析"成为"放之四海"都可行的分析。申请者一定要清醒地知道，自己的申报项目中，是理论还是技术，或者两个方面均容易引起评审专家质疑。针对可能被质疑的方面，要设法抓住这次阐释的机会，换个角度说明是可行的。

除此之外，可行性还体现在申请书的许多方面，主要包括立论依据的逻辑性与科学性、研究目标的有限性、研究方案与技术的成熟度以及具有良好的研究基础。对于正在科研一线工作的评审专家，很容易从研究方案中看出申请者的技术成熟度，所以最好写自己做过的实验技术，或者写好后，请熟悉该技术或实验方法的专家进行把关。在写研究方法时，也应注意让评审专家认为是已经建立的成熟方法（简短引用自己发表的研究论文），如果是拟新建的关键性技术方法，则要在可行性分析中进行说明。研究基础也是很重要的可行性证明，如上面例子中，腹主动脉缩窄的高血压大鼠模型（TAC）、肥大心肌细胞对凋亡刺激的易感性增加，以及TAC大鼠心肌细胞calpain-2向核内的转位的预实验结果，则能充分说明本项研究的可行性。如果申请书中将"建立TAC模型与观测肥大心肌细胞对凋亡刺激的易感性是否增加"作为研究内容和目标之一，则会让评审专家觉得难以完成后面的研究内容，其会产生疑问：建立符合要求的TAC模型不是一件容易的事情，如果建模不成功，或者需要较长时间，后续的研究内容如何完成呢？当然，研究基础还有另外一个重要的作用，就是让评审专家觉得申请者是完成该项课题的最佳人选。

前期研究已在同行评议的专业期刊上发表，这也是一个表明课题可行性较高的重要指标。能在SCI收录期刊发表的研究论文，均是经过了2至4名比较熟悉该领域的同行的严苛评审。所以，对于该项课题的前期研究基础，相当于又多了几名国际评审人员把关。对于面上项目，前期研究工作的发表显得尤为重要。但是，也要注意避免另外一个不良的倾向，即已经发表了一篇前期研究工作的论文，且所载期刊的质量较高，有些申请人就反复说明该期刊如何如何具有国际影响力，在介绍国内外研究发展现状中，大篇幅介绍自己这篇文章所开展的工作，好像在该领域我是世界唯一。这种过度标榜自己的态度也是不可取的。

六、一些供借鉴的技巧

无论做什么事情，都会有技巧。熟练的技术和深厚的积累都能生"巧"，是通用的规则。对于新手撰写项目申请书，也有一些值得借鉴的做法，可作为技巧，但不能教条化。

1.申请项目的题目最好是科学问题与假说，项目名称与新闻报道中的标题相似，被喻为是金字塔的"塔尖"，也被称为"皇冠上的明珠"。所以，题目往往是吸引人、打动人的关键因素之一。当然，科研课题的题目以包含三要素为佳：影响因素、可能的结果与研究对象。如《calpain-2核转位调控腹主动脉缩窄高血压大鼠肥大心肌细胞凋亡易感性的机制》，其中，calpain-2核转位为影响因素，工程上称为输入变量；肥大心肌细胞凋亡易感性及其机制为可能的研究结果；TAC大鼠为研究对象。

2.摘要必须反复推敲，重点检查是否包括三要素：科学问题、假说、研究内容。关键要在这三者的逻辑性、一致性与合理性方面，进行认真的权衡与评估，最好请身边同行看看，提一提具有挑战性的意见。

3.重要的事情重复三遍。创新性是申报课题的灵魂，所以，要从不同的角度在不同地方以不同的表述进行阐述。一般而言，课题的题目、摘要、拟解决的关键科学问题与本项目的特色与创新之处等部分，是阐述项目创新性的合适位置。

4.避免教条化。经过多年积淀形成的国家自然科学基金申请书的格式，是一个符合科学研究规律的书面格式，但是千万不能将其教条化和（或）形式化，要在这些框架中，尽可能地发挥自己的聪明才智。例如，有研究者撰文表明"立项依据要讲清楚三个核心部分：你发现了什么科学问题，并论证这个科学问题的重要性；就你关注的科学问题，你提出来什么样的研究假说，并论证这个假说的合理性与科学性；就你提出的研究假说，你设计了哪些研究内容来验证假说的正确性。"这是熟练者高度概括出的经验，但形式不必"千篇一律"。更有甚者，有研究者将每一部分应该如何进行必要的文字表述，也写出固定的格式，如所谓的摘要的"万能金句"："……是领域的问题""本项目组前期研究发现""或问题尚待解决""结合进展""提出假说""拟用方法（手段）进行研究""探索/证明问题""对阐明机制/揭示规律有重要意义""为奠定基础/提供思路"。这种僵化的表述就丧失了科学的真正含义了。只要有核心要素，具体的文字表述不应千篇一律。

5.课题组内的砥砺是"刀利"的要诀。评审专家其实是大同行，往往是从较大的方面查找问题，而课题组成员则是小同行，他们发现的问题更准确，也更直接。所以，研究思路形成后，可以在课题组内开展讨论，请课题组成员尽可能提不同意见，甚至反对意见。写好申请书后，再次在课题组内进行讨论，吸收中肯的意见与建议，进行认真的修改。申请书基本定稿后，最好请参与过国家自然科学基金评审的专家帮助看一下，请他们从评审角度进行把关，可能会有较大的益处。

谈到实验设计，大家首先想到的可能是统计学中的各种实验设计。其实不然，对于科学研究而言，统计学的相关实验设计只是其中的一个组成部分，更为重要的是专业方面的实验设计。完整的实验设计应包含专业设计与统计设计两部分，前者能够确定研究假说为真或为假，这是核心目的；后者则是设计实验的过程，以便收集适合用统计方法分析的数据，从而得出有效且客观的结论。

一、科学研究的分类

开展科学研究的思维方式，从哲学角度分为归纳论证与还原论论证两类。归纳论证是一种由分析个别而推测一般的论证方法，它通过许多个别的事例或分论点，归纳出它们所具有的共性特征，从而得出一般性的结论。这种论证方法往往难以预设先验性假说，大部分情况下需要开展探索性研究，因此不需要进行实验设计，只要进行调查设计，对所采集的证据进行周密的规划即可。在数据收集过程中，允许具有较大的自由度，对关注的变量可不进行定量测量（大部分情况下，对变量不能进行定量观测），因此可以使用灵活性研究设计，即非实验性研究设计。这种设计中，观察者对被观察对象的状态、背景或经验不做处理，大致分为三类。第一类为相关性研究，其实验设计是对一定数量的测量变量进行相关性分析。由于相关性并不能代表因果关系，这种研究只能简单地鉴别变量间的同向运动。相关性设计有助于确定一个变量与另一个变量的关系，并呈现在两组中的共现频率。第二类是比较研究，其实验设计是在两组或多组中，对一个或多个变量进行比较。第三类是纵向研究，其实验设计是检查一组或多组中，变量随着时间推移的变化情况。另一方面，探索性研究试图通过分析系列数据并寻找变量之间的潜在关联，从而形成后验假设。也可能对变量之间的关联有些线索，但是缺乏具有关联性的直接与强有力的证据。研究者事先没有任何具体的假设，则对所涉及的变量进行探索性研究。探索性研究的优势在于，由于严格的方法限制较少，更容易有新发现。在这种研究中，研究人员为了不错过潜在的、感兴趣的关联，会将关联概率最小化；这个概率被称为 β-水平或 II 型误差概率。换而言之，如果研究者只是想看到观测变量之间是否具有关联性，便可降低具有显著性差别的阈值来增加关联的可能性。

还原论认为某一给定实体是由更为简单或更为基础的实体所构成的集合或组合；或认为这些实体的表述可依据更为基础的实体的表述来定义。依据这种论证方法，往往具有预设的先验性假说（a priori hypotheses）。这种先验性假说通常是从理论或以前的研究结果推导得出的，以此为依据开展验证性研究。因此，在开展研究之前，需要进行科学、严谨的确定性实验设计。否则，不可能预先知道哪些变量需要被控制和测量。所以，在收集数据之前，实验条件应基本确定下来。在实验设计中，设计者首先必须考虑实际的限制因素，包括被试者（或实验对象）的可用性以及被试者（或实验对象）对目标人群（或实验对象群体）的代表性。其次，考虑观测被测变量的最佳方式，以及如何进行定量测量。再次，由于人为改变被试者（或实验对象）的状态、背景或经验，可能改变被试者（或实验对象）的行为或最终的结果。因此，研究人员应随机分配被试者（或实验对象）的不同条件与关注的测量变量，并力争控制混杂变量。此外，还要确定最合适的统计方法。这是因为：第一，在验证性研究中，尽最大努力减少产生巧合性、假阳性结果（假阳性结果的概率称为 α-水平或 I 型误差概率）。第二，在进行实验之前使用功效分析（power analysis），以确定样本量，以便在既定的 I 型误差期望概率下，使均值间获得显著性差别。在实验室开展的研究工作，基本上是以还原论原则开展的论证。因此，本讲主要围绕这类论证进行讲述。

医学科学研究依据开展研究的方法，将其分为观察性研究、实验性研究、理论性研究与荟萃分析（meta分析）。观察性研究包括病例分析、横向研究、纵向研究、病例对照研究与队列研究（cohort study）等，单纯性理论研究不常用，荟萃分析是近几年广泛采用的一种二次性研究，有其专门的设计要求。观察性研究与理论性研究一般属于探索性研究，在此不作详述，以下主要讨论实验性研究的实验设计——包括专业内容设计与统计学设计两个方面，以获得科学、客观的实验数据。

二、实验设计的定义

实验设计是为验证研究假说，对获取研究证据和（或）数据的方法、技术与流程进行的科学安排，其中实验数据的采集、分析方法与过程，应符合统计学要求。换而言之，就是为达到研究目标，获取严谨的实验证据和（或）数据的方法与流程，既要符合专业要求，也要符合统计学要求。根据这样的定义，实验设计实质上包括研究内容、研究方案与技术路线三部分，各部分相互关联，但各有侧重。

研究内容要依据研究目的，采用针对性较强的观测指标，系统而深入地支撑研究假说的合理性或正确性。实验过程中或结束后，也可能证明研究假说不成立。

研究方案是对研究内容的具体化与细化，即明确实验对象、处理条件及其实施方法、需要控制的变量、实验分组，以及各观测指标间的内在逻辑的联系等。

技术路线则是描述数据采集的先后顺序，资源的合理配置，各种观测指标所要达到的目标或者能提供的证据。

为了让大家更好地理解什么是实验设计，先谈谈大家比较熟悉的建筑物设计。依据建筑物的用途，可分为住宅、商场、医院、体育场馆、教学楼等不同的类型，因此，在开始建筑物的设计之前，必须明确所建建筑物的用途，然后才依据其用途开展后面的设计工作。接下来，要决定修建多少层，每层多少房间，每个房间又如何满足建筑的整体功能。例如，准备建一栋高压氧舱群与新型低压舱的教学实验楼，并且在四楼平台放置直升机，二楼至四楼每层建四间120平方米的实验室。有了这些信息后，便可开展设计绘图，提供总体布局图、各层的平面图、建筑各个方位的剖面图以及建成后的效果图等。建筑材料的选择、受力分析（由于四楼承重较大，故整栋楼的承重梁比一般楼要厚很多，达1.2米）、符合抗震消防要求等也需要一并考虑。最后还要提出施工方案的设计，先建什么部位，后建什么部位，管道、线路怎样预置，对于大型设备应该如何安装等。在建造上面的教学实验楼时，当地下室完成建设后，就要将大型的储存气体舱体放置进去，并加以保护；当第一层地面建设完工后，再将高压氧舱群与低压舱放置进去，而后进行上面房屋结构的建设。

类比建筑设计，科学研究中的实验设计，研究目标与建筑物的用途相当，即建什么类型的建筑；研究内容类似于房间的数量与各房间具体的用途，研究方案与各种设计图类似，研究的技术路线等同于施工方案。

三、专业设计

专业设计是实验设计的重要方面，其核心目的是确定研究假说为真或为假，同时防止各种因素对数据采集过程的干扰。实验设计的专业设计涉及三个要素：实验对象、处理因素以及观测指标与实验效果。基于以上目的，在研究开始之前，就应该尽可能广泛阅读文献，根据研究假说，确定实验对象、处理因素与观测实验效果的指标。

（一）实验对象

实验所用的材料即为实验对象。如用小鼠做实验，小鼠就是本次实验的实验对象，或称为受试对象。实验对象选择得合适与否直接关系到实验实施的难易程度，以及别人对实验新颖性和创新性的评价。医学研究中需要建立疾病模型或其他特殊的动物模型，对于模型的可模拟性，应该对该领域的公认程度有清醒的认识。例如，建立眩晕动物模型，一般选用豚鼠，其建模方法简单，重复性好，且是公认的实验动物模型。又如，动脉粥样硬化动物模型，家兔是常用的实验动物，它对高脂膳食敏感性高，容易造成高胆固醇血症与动脉粥样硬化；相反，田鼠则不能建立该模型，大鼠建模较为困难。动物的种类不同，或品系不同，对实验处理因素的反应会存在较大差别，在实验开始前应该有相应的知识储备。一个完整的实验设计中所需实验材料的总数称为样本含量。最好根据特定的设计类型，采用统计学方法估计出较合适的样本含量，样本过小，往往难以克服实验误差或实验对象间的个体差异；相反，样本过大，不仅导致工作量增加，且不经济，特别是选用稀有或贵重实验动物开展实验研究时。

在机制研究中，多使用动物为研究对象，原代培养细胞或细胞系也是重要的实验对象之一。在人作为被试者的实验中，选择被试者是关键的环节。例如，Robinson MM及其同事要观察不同运动锻炼模式对青年与老年被试者骨骼肌蛋白翻译功能的影响。首先他们依据身高、体重与空腹血糖等一般性健康标准，选入399名被试者，然后按更严苛的健康与体能标准筛除243人，因9人不愿意参加实验，75人失去随访，最终参加实验的有效被试者72名，分为两组：青年组45人与老年组27人，每组再进一步分为高强度间断有氧运动组、抗阻训练组与混合组（采用两种运动训练方式）。在用人作为实验对象时，还应特别注意符合伦理学要求，并通过相关伦理学委员会的审查，获得许可证书。

（二）处理因素

所有影响实验结果的条件都称为影响因素，也称处理因素，包括生物、物理和化学等方面的因素。实验研究的目的不同，对实验的要求也不同，影响因素有客观与主观、主要与次要因素之分，且它们之间可以相互转化，所以，研究者在实验设计中需要进行有计划的、严苛的选择。

1. 确定主要处理因素 在实验开始前，如何选取合适的处理因素，也就是确定主要的处理因素，是实验的关键性环节之一。选取与确定主要处理因素的依据是研究假说与研究目的，在具有明确的研究假说与研究目的的前提下，只要多查阅相关的研究文献，或者依据以往的研究经验，不难确定主要的处理因素。

在有些实验研究中，实验的目的就是要确定主要处理因素。例如，为了将心脏中成纤维细胞直接转分化为心肌细胞，必须筛选出决定心肌细胞分化的转录因子。

大量研究已证实，骨骼肌仅有一个转录因子MyoD（master factor）对分化起决定作用，心肌细胞可能由多个转录因子决定其分化。为了筛选出决定向心肌细胞分化的转录因子，研究者首先比较了胚胎期E12.5心肌细胞与成纤维细胞中转录因子表达的差别，选出13个转录因子，突变其中任一个则致死。然后加上Mesp1（mesoderm-specific transcription factor）。从14种决定心肌细胞发育的关键性转录因子中，筛选出有效的转录因子组合。

为避免心肌细胞的混杂，采用αMHC启动子驱动的EGFP-IRES-嘌呤霉素转基因小鼠（在新生与成年小鼠心脏，仅心肌细胞表达GFP），取新生小鼠的心脏进行组织块培养，从迁移出的细胞中，获取大量纯化的心成纤维细胞。将含14种转录因子的逆转录病毒同时转染心成纤维细胞，有1.7%的细胞出现GFP表达，以此百分比为阈值，分别在14种转录因子中减少一种（13种），减少某种转录因子，表达GFP细胞百分比反而增加，则该转录因子可剔除，依此反复，最后剩下9种转录因子。用9种转录因子转染，GFP阳性细胞为13%，以此为阈值，采取相同策略筛出6种转录因子，最后筛出4种转录因子（Gata4，Mef2c，Tbx5，Mesp1），使GFP阳性细胞达20.6%。

将4种转录因子转染的心成纤维细胞培养1周，出现成熟心肌细胞标志蛋白cTnT表达，而去除Mesp1不影响cTnT的表达，去除其它3种转录因子中的任一种，不是影响GFP表达，就是影响cTnT表达，故3种转录因子（Gata4，

Mef2c, Tbx5；GMT）是必需的。在GFP阳性的成纤维细胞中，有30%的细胞表达cTnT。

Nkx2.5为心脏发生中的关键性转录因子，加入到GMT中反而抑制GFP与cTnT的表达；Baf60c、Gata4与Tbx5在将非心肌的中胚层细胞转化为心肌细胞中发挥重要作用，但不能有效地引起成纤维细胞表达GFP与cTnT。因此，进一步确认GMT为关键性转录因子。这是一个首先筛选处理因素的典型例子，iPS的建立，也是从筛选主要处理因素转录因子开始的，并获得2012年诺贝尔生理学或医学奖。

2. 处理因素的数量与水平　确立主要处理因素后，需要明确处理因素的数量与水平。只有一个处理因素的实验，为单因素；具有两个及两个以上处理因素的实验，为多因素。单因素实验虽简单，但提供的信息量有限，多因素虽可提供大量信息，但使分组增多，工作量增大，研究变得很复杂，目前使用较多的为两种因素的处理。每一因素一般具有不同的水平，如药物的不同剂量与不同物理计量等。因此，构成四种不同的组合：单因素单水平、单因素多水平、多因素单水平与多因素多水平。

例如，观测一种降血压新药DH对高血压患者的降压效果，如果选择的高血压患者不分级，观察口服一片（200 mg）DH 6 h后对血压的影响，这是单因素单水平的实验设计，显然不符合药物观察的基本原则。对药物疗效的观察，至少需三种剂量，因此，观察100 mg、200 mg与400 mg的作用，这便是单因素多（三）水平的实验设计。如果考虑高血压分级的影响，将高血压患者分成1、2、3级三组，每组只使用200 mg，则是多因素单水平；如果三组都使用100 mg、200 mg与400 mg三种剂量，便是多因素多水平设计。

3. 处理因素的标准化　所谓处理因素的标准化，就是在全部的实验中，处理因素的数量与水平保持不变。大多数情况下，为达到同一目标，会采取多种技术手段进行观测，因此会进行多次实验，这样，就要求每次实验的处理因素一定要保持一致。常见的错误是处理因素的数量保持不变，处理水平发生改变，开始可能是三个处理水平，接下来有两个处理水平，也有一个处理水平。更有甚者，当采用一个处理水平时，几个实验的处理水平的浓度或剂量并不相同。例如，观测高浓度葡萄糖对培养心肌细胞胰岛素敏感性的影响，第一次实验时，培养基葡萄糖浓度为1.0、2.0与5.0 mmol/L，每个浓度三个平行孔，处理24 h后收获细胞进行后续观测；第二次实验时，葡萄糖浓度为1.5、3.0与5.5 mmol/L，依然是每个浓度设三个平行孔，处理24 h后收获细胞进行后续观测。虽然处理因素葡萄糖未改变，但处理水平浓度发生改变，这样就使处理水平增加，每个浓度的样本量不足，无法进行统计学分析。如果后面三个浓度处理时，再改成观测48 h，则导致所获数据无法进行后续采用统计学检验均值间是否存在差别。正确的做法是，将第一次实验时的葡萄糖浓度与处理时间不变，重复两次，不仅观测了数据的稳定性，也使样本量增加。

4. 控制非处理因素 在实验研究中有一种常见的现象，即不同的处理因素可引起相同的结果，或者能出现具有交集的结果。所以，在开始研究之前，研究者必须知晓这些能引起相同结果或具有交集结果的处理因素，设法控制其他因素，使之不影响主要处理因素。除此之外，实验过程中还存在许多不可控因素的影响，如区组因素对评价实验因素作用大小有一定干扰性（如动物的窝别、体重等），可通过区组化将其影响降低，即设立同步对照组。不可控因子是实验过程中，由系统误差、测量误差等形成，可在统计学设计中，采用随机化原则加以克服。保持常量因子是实验过程中不发生变化的因子，可以不作特别的关注，但要在实验过程中注意其确实是保持不变的。

（三）观测指标与实验效果

处理因素取不同水平时，在实验对象上所产生的反应与结果称为实验效应，是医学实验研究的核心内容。实验效应是反映处理因素作用强弱的标志，它必须通过具体的观测指标来体现。要结合专业知识，尽可能多地选用客观性强的指标，在仪器和试剂允许的条件下，应尽可能多选用特异性强、灵敏度高、准确可靠的客观指标。对一些半客观（比如读pH试纸上的数值）或主观指标（对一些定性指标的判断上），一定要事先规定读取数值的严格标准，只有这样才能准确地分析实验结果，从而大大提高实验结果的可信度。因此，合理的观测指标可体现实验设计的科学性和实验结果的准确性、特异性与客观性。

1. 观测指标的选择原则

（1）观测指标的客观性。尽可能选择采用仪器进行测量的指标。仪器设备并不是越先进越好，只要能达到研究目的，能成为客观的实验证据，合适的仪器最好。另一方面，医学研究中有些指标难以用仪器测量，即为主观指标，对于形态学方面的指标，设法采用半定量的方法；对于研究者主观判读的指标，除采取多人判读或双盲判读外，也应设法进行半定量判读，如设计量化表等。

（2）观测指标的灵敏度与特异性。当处理因素水平发生变化时，能检测出最小反应变化的能力为指标的灵敏度，也就是检测真阳性的能力。这不仅由检测仪器的性能决定，也由所选取的观测指标决定。一般而言，应尽量选取灵敏度较高的观测指标。

处理因素与观测对象的反应之间只存在一对一关系，这种观测指标代表特异性高，也就是检测真阴性的能力。根据研究目的的不同，观测指标的特异性会出现改变，在某一研究目的下的特异性观测指标，在另一研究目的下可能缺乏特异性。在研究中，尽可能选择特异性高的观测指标。观测指标的特异性越高，受混杂因素的干扰越小，越能反映处理因素的作用效果，也越能说明问题，具有更强的证据性与说服力。虽然有些情况下提高观测指标的灵敏性会降低其特异性，但这不是普遍现象，所以，在选取观测指标时，应同时兼顾观测指标的灵敏性与特异性。

（3）观测指标的准确性与精确性。观测指标的准确性是要求指标能反映真实的变化，即尽可能接近真值。为了确保观测指标的准确性，应选取那些该领域大家公认的、广泛采用的观测指标。对于选择的观测指标，最好经预实验对其准确性进行评估。

观测指标的精确性是指在处理因素反复作用下，所观测的反应值与真值的偏离程度，即统计学反应的标准差。在医学实验中，有些变化之所以缺乏统计学显著性差别，数据的标准差过大是影响因素之一。所以，在预实验中，对选取的相近多个观测指标的精确性作出初步的评估，正式实验中使用精确性更高的观测指标，可避免后期数据分析面临尴尬的局面。

（4）观测指标的关联性与相互印证。一些反应或结果是有所谓的"金指标"进行观测的，有些"金指标"容易获取，有些则比较难，这样就需要采用多种观测指标来评价结果。这种为了反映同一结果而使用的多种观测指标，应注意从不同角度进行观测，并具有关联性，且能相互印证。例如，凋亡小体的出现是检测细胞凋亡的"金指标"，但是，因凋亡小体存在的时间短，电镜观测技术难度高，故一般不采用。观测细胞凋亡多采用TUNNEL技术，同时检测细胞内细胞色素c从线粒体释放或凋亡因子释放，caspase-3与caspase-9激活程度，用这些指标从多角度或多个环节观测细胞是否发生了凋亡。

又如，有研究者为了证明心肌细胞线粒体ROS升高是心源性猝死的主要原因，采用豚鼠主动脉缩窄加异丙肾上腺素灌注建立心衰高猝死率模型。为了确认成功建立了动物模型，其观测指标设计为动物生存率、心电图与超声心动图；为了进一步探明引起心源性猝死的机制，在心肌细胞水平观测线粒体与胞浆ROS含量，并采用特异性线粒体清除剂（MitoTEMPO），降低心肌细胞线粒体ROS含量，观测对猝死的防治作用。由此可见，这项研究中整体动物的观测指标之间能相互印证，表明心律失常引起的心衰，导致猝死率增加。另一方面，机制探寻方面的观测指标，与研究目标具有密切的关联性。又如，该研究者拟观测心肌细胞CD39在心肌缺血-再灌注损伤中的保护作用，并探明其机制。他们采用心肌细胞高表达CD39的转基因小鼠，并实施心脏缺血-再灌注。观测指标设计为超声心动图与心肌梗死面积，这些指标能在整体与器官水平反应缺血-再灌注对心功能与梗死面积的影响，从而反应CD39的保护作用。但是，为了探寻CD39的保护机制，他们观测了心肌细胞内钙瞬变的改变，由于CD39与心肌细胞内钙瞬变没有密切的相关性，所以，这篇文章虽然发表了，但发表该研究论文的期刊影响因子不高。如果换一些探寻机制的观测指标，主要围绕CD39的作用展开，有可能发表在影响因子较高的期刊上。

（5）观测指标的层次与全面性。所谓观测指标的层次，是指在研究对象的整体、组织、细胞与分子水平的各个层次，设置相应的观测指标，以便从不同层次为研究假说提供证据，或阐明拟解决的问题。这是一个长期忽视的方面，现在越来越受到重视。一方面，因观测指标涉及的层次多，就要求精心选取指标，以保障各层次的观测指标的变化具有同向性，预实验是保证各层次观测指标同向性的最好保障。另一方面，随着仪器设备先进性不断提高，甚至在分子水平也能通过可视化观测手段开展研究，所以，为了保证与提高研究结果的可靠性，需要进行多方面的研究观测，为达到研究目的，往往进行生理功能、形态学与生化分析等多方面的研究。也就是说，生理学参数、形态学指标与生化分析指标等，须同步进行观测，这是另外一种观测层次。

例如，Looney MR及其同事在前期实验中，观测到肺组织包含巨核细胞，流出肺血液包含的血小板多于入肺血，巨核细胞却少于入肺血。基于十九世纪就发现巨核细胞可生成血小板，但是，其生成机制一直不清楚的研究现状。他们提出创新性科学假说：肺是机体生物合成血小板的主要部位。为了获得实验证据，他们采用先进的双光子显微镜观测技术，在活体的肺、肝、脾与骨髓观测荧光示踪分子，并可荧光示踪巨噬细胞与血小板的多种转基因模型：PF4-mTmG小鼠的巨核细胞膜表达绿色荧光蛋白（GFP），其他所有细胞膜被tomato标记为红色荧光；PF4-nTnG小鼠仅在巨核细胞的核中表达GFP；PF4-tomato小鼠将巨核细胞胞浆标记为红色荧光。

首先，他们在PF4-mTmG小鼠观测到巨核细胞在肺毛细血管内释放出血小板的影像，并进行了定量分析，计算出不同大小的巨核细胞能释放血小板的数量，且血循环中50%的血小板来源于肺，因此证明肺是机体血小板生物合成的主要部位。

接着，为了弄清肺毛细血管内巨核细胞的来源，将mTmG小鼠的肺（巨核细胞无荧光标记）原位移植到PF4-mTmG小鼠，观测到肺毛细血管内有GFP标记的巨核细胞释放出血小板；相反，将PF4-mTmG小鼠的肺原位移植到mTmG小鼠，未观测到肺毛细血管内有GFP标记的巨核细胞，表明巨核细胞来源于肺外。同时，在PF4-mTmG小鼠颅骨骨髓与脾脏，观测到GFP标记的巨核细胞从血管外进入血管内，而肝脏内未发现GFP标记的巨核细胞。因此，证明肺外来源的巨核细胞源自骨髓与脾脏。

在研究中，他们发现肺组织毛细血管外存在静止不动的、细胞体积稍小的GFP标记细胞。因而引出的关联性问题：肺毛细血管外GFP标记细胞是什么类型的细胞，其作用是什么？消化PF4-mTmG小鼠或PF4-nTnG小鼠肺组织，获取GFP阳性细胞进行鉴定，确认这些细胞为巨核细胞，并排除是肺组织驻留的巨噬细胞，同时与骨髓的巨核细胞进行基因表型的比较，证明这种巨核细胞的分化程度低于骨髓巨核细胞。

为了阐明肺组织毛细血管外巨核细胞的功能，他们将PF4-mTmG小鼠肺移植到血小板减少症小鼠模型（c-mpl-/-小鼠）。c-mpl-/-小鼠因敲除促血小板生成素受体（mpl），骨髓巨核细胞数量降低，导致循环血中血小板数量减少。在移植小鼠，使用促血小板生成素（thrombopoietin，TPO）3个月后，血中血小板数量逐渐增加，表明肺内低分化的巨核细胞可能帮助恢复骨髓巨核细胞数量。紧接着，他们分离移植小鼠骨髓的巨核细胞，鉴定证明其来源于PF4-mTmG小鼠的肺。这样就获得了肺毛细血管外巨核细胞能重建造血功能的确切实验证据。因此，证明肺组织是造血祖细胞库。

在上述研究中，研究者为了证明其创新性研究假说，选择小鼠为研究对象，观测指标主要是双光子显微镜观测示踪技术，相对较为简单；而采用的处理因素，紧扣实验分目标，层层递进，环环相扣，既构建了多种转基因小鼠，又开展了原位单肺移植技术，且在肺移植后，进行了长达10个月的观察。在毛细血管内外巨核细胞鉴定与分选，以及造血干细胞、祖细胞的鉴定方面，也显示出研究者所具备的深厚专业知识储备（表1）。

表1　细胞标志分子

标志	标记分子
毛细血管内细胞标志	CD41—APC，CD45—APC
骨髓祖细胞标志	$Lin^+ Sca—1^+ c\text{-}Kit^+$
巨核细胞与血小板标志	vWF

续表

标志		标记分子
巨核细胞与血小板特异标志		glycoprotein VI（GP VI） TPO receptor（c—Mpl）
肺驻留巨噬细胞标志		F4/80
巨核祖细胞成熟度		CD61，CD42b（表达高示成熟度高）
骨髓造血干祖细胞（LSK）		Lin^+ $Sca-1^+$ $c-Kit^+$
LSK的亚类	长期造血干细胞	LT—HSCs；$CD48^+$ $CD150^+$
	短期造血干细胞	ST—HSCs；$CD48^+$ $CD150^+$
	多能祖细胞2（MPP2）	$CD48^+$ $CD150^+$
	多能祖细胞3/4（MPP3/4）	$CD48^+$ $CD150^+$

从上面的实例不难看出，真正的科学研究是通过实验观测，为科学假说寻找支撑与否的证据。硕士生或博士生的研究工作，一定要力戒一种倾向：在缺乏科学假说的前提下，采用多种时髦的技术，堆砌很多数据，相互之间缺乏关联，缺乏说服力；更有甚者，拼凑出许多的数据，以示开展了实验研究，这样得出的所谓创新性发现与结论，是既含糊又空洞的。

2. 观测指标的种类

如果按照统计学标准，或者形态与功能的标准，可将观测指标分成很多类型。实质上，观测指标分为定性与定量两类即可，定性指标在一定规则下，亦能转化为定量指标。

所谓定量指标，就是能使用连续数值或间断数值表述的指标，这类指标有利于进行统计学分析，且能较为准确地表述反应效应的程度。生理学参数、生化类指标、生物物理学指标等多属于定量指标。定性指标是指采用描述的方式表述的指标，有些指标带有一定的主观性。这类指标又可分为无序分类变量与有序分类变量，无序分类变量的所分类别或属性之间没有程度或顺序上的差别，如O、A、B、AB血型；有序分类变量的所分类别或属性之间有程度或顺序上的差别，如高血压的分级1、2、3级，尿糖化验结果-、±、+、++、+++等。形态学指标虽然大多反映有与无及定位信息，但有程度差别；免疫印迹亦是提供有与无及程度差别信息，所以，这些指标可设法通过数值化手段，转化为半定量数据。

四、统计学设计

统计学设计能为科学假说提供科学且令人信服的实验数据支撑，也就是保障实验数据的真实性与可靠性。观测指标在测量过程中，由于各种非处理因素的影响，会使所获得的测量值偏离真实值，产生误差，若对误差不加以控制，则难以获得接近真实值的数据。因此，统计学设计的目的就是控制各种误差，保证实验数据的真实性与可靠性。同时，也为从个别推论一般提供科学保障。

实验过程中产生误差是不可避免的，当其超过一定程度，将导致所获得的测量值与真实值间偏离度增大，甚至造成实验假象，得出错误的结论。但是，实验误差是可以控制的。实验误差可分为两类：随机误差与系统误差。随机误差是一种无规律的误差，其产生主要原因有：①实验对象个体之间存在差异；②存在某些无法预知与控制的微小因素。系统误差是一定实验条件下，呈现一定规律的误差，其产生的主要原因为：①仪器或试剂因素。仪器未做标定，或者测量数值超出量程；使用不同批号、不同纯度或不同生产厂家的试剂。②选用不当的实验方法。③实验条件不一致，如实验的温度、湿度或通风条件不相同。④人为因素。研究者未按操作规范进行操作，或不同研究者之间的操作技能、熟练程度等存在差别。为了控制这些实验误差，在实验开始前，必须进行统计学实验设计，其基本原则为：随机、对照、重复、均衡、盲法与适宜的样本量。

1.随机原则 是指在实验对象的抽样与分组过程中，以及实验顺序符合随机化原则。可运用"随机数字表"或"随机排列表"实现随机化；或者运用计算机产生"随机数"实现随机化。

2.对照原则 任何实验均需设立对照组，这是毋庸置疑的，只有通过对照组的设立我们才能清楚地看出处理因素在当中所起的作用。当某些处理本身夹杂着重要的非处理因素时，还需设立仅含该非处理因素的实验组为实验对照组。在有些实验观测中，不仅要设立同步对照，还应设置阴性对照与阳性对照。例如，为了确定缺氧对药物降压效应的影响，应该设立正常对照组、缺氧组、药物处理组、缺氧加药物处理组，如果仅设置正常对照组、药物处理组、缺氧加药物处理组，则不能排除缺氧对血压的干扰作用，所得结果的说服力相对减弱。

3. 重复原则　实验对象的样本量要通过计算获得，从而确保在不同的实验对象上进行重复，而不是对同一实验对象进行反复测量。就是在相同实验条件下必须做多次独立重复实验。一般认为重复五次以上的实验才具有较高的可信度。

4. 均衡原则　均衡原则是使实验对象受到的非实验处理因素的影响完全平衡，确保实验处理因素在各组间不受其他因素或重要的非实验处理因素不平衡的干扰和影响，从而真实地显示所考察的实验处理因素在不同条件下对观察效应的影响。均衡原则与实验统计学设计的随机化原则、对照原则、重复原则和盲法原则密切相关，且均衡原则是核心，其贯穿于随机化原则、对照原则与重复原则之中，并与之相辅相成，相互补充。简而言之，各实验组之间，除处理因素不同外，应确保其他因素完全一致，即组间均衡原则。一般采用的均衡方法有两种，交叉均衡法与分层均衡法。

交叉均衡法是在各实验组中又各设立实验与对照的方法，以使两组的非处理因素均衡一致。例如，为观察某药物对轻度贫血青少年（13~18岁）的治疗效果，拟在两个地区进行观察，如果以一个地区为给药治疗组，另一地区为不给药组，则两地区饮食习惯与营养条件为能对治疗效果产生影响的非处理因素，所以这样的设计存在不足。采用交叉均衡法可解决这一问题，即在两地区都设置对照与用药组，然后将两地区对照组数据合并，用药组数据合并，然后进行统计学分析。又如，在建立大鼠1型糖尿病模型时，一名研究者很难完成几十只大鼠对照组尾静脉注射柠檬酸缓冲液与处理组注射柠檬酸缓冲液配制的链脲佐菌素（STZ），这种状况下往往需两名研究者完成，一人全部注射柠檬酸缓冲液，另一人全部注射STZ显然不合适，为避免研究者操作技能与熟练程度的差别，应该采取交叉注射的方式进行，一人给一半数量的大鼠注射柠檬酸缓冲液，另一半大鼠注射STZ。

分层均衡法是将非处理因素按不同的水平划分为若干单位层，然后在每个层内安排处理因素，使各处理组条件均衡，从而达到消除非处理因素对实验结果影响之目的。如，为观察某药物对高血压患者的降压效果，首先应根据诊断标准，将入选患者分成1级、2级与3级三个层，然后在每层内按随机化原则分成对照与用药组，确保组间均衡，获得科学可靠的观察结果。

5. 盲法原则　为避免主观倾向性，在实验中采取观察者或分析者不知道处理因素的实验方法，称为盲法。有单盲法、双盲法与三盲法。

6. 最经济原则　不论什么实验，都有它的最优选择方案，这包括在资金的使用上，也包括在人力、时间的损耗上，必要时可以预测一下自己实验的产出和投入的比值，这个比值越大越好。最常用的是最小样本量的计算，既能通过实验研究，获得接近真值的研究结果，又使样本量最合适，不增加观察分析与经济投入的负担。

关于实验对象的分组，应依据研究目的与处理因素的数量，按照统计学方法进行设计，如配对与配伍组设计、拉丁方设计与交叉设计。具体的统计学设计方法，可参考统计学教材中的详细描述。

实验观察与实验记录

看见海面上的桅杆

实验观察与记录，是获取原始数据的重要步骤，亦是整个实验过程中的关键性环节之一。这一过程不仅决定科学研究的成败，而且直接影响研究的结果与研究的走向。所以，必须认真对待。在开展实验观察与记录之前，应进行必要的培训、精心的谋划，以便获得客观、准确而详尽的原始数据。

一、实验观察

（一）有目的、有预期地观察

科学的发现，离不开实验观察。但无目的的观察，只会使观察流于形式，不会有所收获。就像旅行，如果只是漫无目的地匆匆"到此一游"，旅行就失去很多精妙的体验和新奇的发现。那么，如何才能做到有目的、有预期地观察呢？

首先，对于研究假说（研究目的）要了然于心。如果只是课题的执行者，应与课题的提出者进行反复沟通，真正明了研究假说的内涵。必要时，多读相关的文献，深入理解研究假说，这样才能做到观察目的明确。其次，对于每一项实验，应该做出合理的预期，或者是推测性结果。但是，在实际观察时，不要被预期结果所左右，要客观地观察和记录。如果出现与预期不一致的结果，要认真分析原因。仔细观察实验，有时还会有意外的发现，如弗莱明发现青霉素的故事。

接下来，应依据研究假说与研究内容，制定出每项实验的观察计划。在观察计划中，应注意设置好几个要素：观测指标的选取，干预因素的控制，观察要求，观察步骤与方法等。为了防止实验过程中，实验记录出现"错、忘、漏"现象，推荐使用观察记录表。例如，我们实验室早期观察离体骨骼肌或心脏乳头肌肌条的等张收缩功能，为了记录得方便且详细，自制了肌条收缩功能记录表（表2）。

表2　离体肌条灌流实验记录

编号：

实验日期	200 ／ ／ AM PM		室 温	℃	实验者	
动物情况	种　属		品　系		年　龄	Wk
	体　重	g	性　别	♂ ♀	麻醉腹腔注射	mg/kg BW
灌流液	组　成			pH		
	灌流槽温度	℃	恒温水浴温度	℃	流速(ml/min)	
	药　物					
肌条	肌肉名称	Soleus　EDL		Papillary muscle（LV　RV）		
	Lmax(mm)		重量(mg)		CSA(mm^2)	
刺激条件	电　压(V)			波　形	方波　三角	
	频　率(Hz)		波　宽(ms)			
	Duty cycle					
实验步骤						
结果、分析与改进	存盘文件名：					

（二）有标准地观察

在开展实验观察之前，应该掌握所观测指标的正常值或正常值范围，这样不仅能判断实验操作是否正确，也能及时发现阳性结果。然而，在开创性研究工作中，往往缺乏正常值或者范围，这就需要进行多次预实验，使实验程序标准化，并获取正常值或范围。

对于形态学观察，先熟知正常结构是必不可少的功课。当观察者对正常结构一无所知时，很难发现病理条件下的异常结构改变。形态学的观察，在比较中发现差异是基本的前提。例如，在透射电镜上观察细胞内线粒体的变化，先需要知道正常的线粒体形态为长椭圆形、双层膜结构、线粒体内嵴清晰、横向排列、外观似指纹状等。另外，还应了解细胞内线粒体对缺氧非常敏感，特别是心肌细胞的线粒体。在标本制备过程中，稍不注意，心肌细胞线粒体就可因缺氧而导致形态改变，线粒体变圆，线粒体内嵴排列紊乱，线粒体内出现空泡。所以，应该避免将这种实验伪差误认为是实验处理引起的变化。

（三）有条理地观察

在观察过程中，应注意条理性。多数观察对象，宜按时间顺序进行观察，如：为了观察缺氧对心肌细胞内氧活性簇（ROS）含量的影响，应按缺氧作用时间进行观察，并且是在同一标本上进行连续观察。有些观察对象宜按空间顺序，由远及近，由外到内，从上至下，或者从左至右进行观察，如：当在缺血再灌注损伤心肌组织切片上查找边界区时，要采取阵式扫描观察法，先从左向右查看，然后下移视野，再从右向左查看，如此往复，直至查看完整张组织切片，这样就很容易找到边界区。如果在光镜下，特别是高倍镜下毫无规律地查找，只能是碰运气，有时候很快能找到，多数时候需耗费很多的时间。在形态学观察中，一般按照结构顺序进行观察，如对于缺血再灌注损伤心肌细胞的电镜照片进行观察，应先从细胞膜开始，再到胞浆、肌原纤维与细胞核，最后观察内质网、线粒体等细胞器的变化。

（四）注重细节地观察

科学研究中，许多差别是非常细微的变化，所以，在观察过程中，一定要注重细节。为了确保每个重要细节能被观察，在实验记录中不能缺项、漏项。例如，在急性分离成年大鼠心肌细胞的实验中，为了获得更高的收获率，必须对可能影响心肌细胞存活率的不同因素进行观察，这些因素包括大鼠鼠龄与体重，胶原酶浓度与总量，灌流液流量、压力、温度与pH值，酶消化时间，心脏外观颜色变化，心脏冠状动脉前降支清晰程度，酶消化后心脏的硬度，心肌细胞分离立刻与复钙后收获率等。为了详细且无缺漏地记录每个因素对心肌细胞存活率的影响，我们设计了所有观察项目的表格（表3）。经过对30只大鼠心脏的分离观察比较，发现在其他因素相对不变的条件下，pH值随消化时间延长而逐渐降低，是影响心肌细胞收获率的重要因素之一。因此，在后续实验中，注意定时调节消化液pH值，从而使心肌细胞收获率保持在90%以上。这项研究也获得了国家发明专利（专利号ZL 2013-1-0314848.7）。

表3　成年大鼠心肌细胞分离记录表

实验记录编号：　　　　　　　　　　　　　　　　　　　页码：

实验日期		20 ／ ／ AM PM		室 温	℃	实验员	
动物情况	种 属		品 系		鼠 龄		Wk
	体 重	g	性 别	♂ ♀	腹腔注射肝素		IU/kg
液体配制	A液（清洗液）	JMEM　　g　　NaHCO3　　　g　　HEPES　　g 三蒸水　　ml　　BDM（500 mM）　　ml　　pH					
	B液（消化液）	Collagenase I　　mg　　Trypsin　　　mg BSA　　mg　　　Solution A　　ml　　pH					
	C液（冲洗液）	BSA　　mg　　　Solution A　　ml（有／无NaHCO$_3$） NaOH　　μl调节pH　　　EDTA　　mM					
灌流条件	清洗 恒温水浴温度　　℃ 恒流泵流速　　ml/min 灌流　　min 灌流压力　　mmHg 消化 消化　　min　终止压力　　mmHg pH 5'，10'，15'，20'，25'，30'，35'，40' 心脏表观： 冲洗灌流　　min						
实验结果	存盘文件名：						
分析与改进							
备注							

（五）有知识储备地观察

广博而深入的专业知识，有助于观察者发现易被忽略的信息。例如，每位骨科医生都熟知骨折是指骨结构的连续性完全或部分断裂，但新手往往只能判定完全的断裂，特别是发生畸形与错位的骨断裂，而忽略骨结构部分断裂也是骨折。图15A是青枝骨折，有经验的医生很快就能发现骨折部位，并作出正确的诊断，而新手因观察的方法不当，同时对骨折概念理解不深入，往往只看出完全断裂的骨折（图15B），而难以发现青枝骨折部位，从而造成漏诊（图15A）。

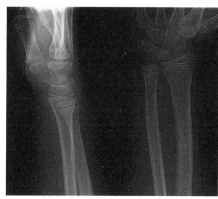 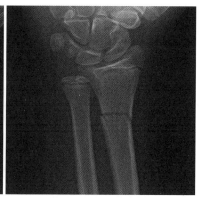

A.正侧位片，桡骨远端青枝骨折。　　　　B.正位片，桡骨远端骨折

图15　尺、桡骨X线片

专业知识储备还决定着观察的指向性。例如，当文学家、地质学家、植物学家与动物学家分别来到瓦尔登湖度假时，文学家可能通过撰写小说，提出尊重自然、节俭生活的理念；地质学家则可能通过搜集各种地质证据分析瓦尔登湖是否是冰碛湖；植物学家可能会观察湖周围的植物并做出系统分类；动物学家则更关注湖周围动物的种类与来源。因每个人的知识储备不同，对同一客体会产生观察指向性的巨大差异。在实验观察过程中，尽管没有如此鲜明的观察指向性差别，但不同的知识储备所导致的观察指向性的偏差，最终也会影响观察结果。

（六）有好奇心地观察

在观察过程中，好奇心是观察效率的倍增器。当观察者带着强烈的好奇心进行观察时，往往能观察到许多被忽视的细节，同时，也更容易有新发现。另一方面，好奇心较强的观察者，观察的广度与深度更大，如竺可桢的气象观察，从1936年1月1日起到1974年2月6日逝世止，共38年37天（共计13917天），无一天间歇。竺可桢记有800万字的日记，天气与气候是每天必记的内容，他依据日记中的气候数据，撰写《物候学》一书，成为我国物候学的开创者与奠基人。

（七）有思维参与地观察

为了使我们在观察过程中，具有犀利的眼光与较强的洞察力，观察者最好具备良好的哲学素养与逻辑思维能力。这些貌似无关的素养，却能让观察者透过现象看本质的能力增强，能够时刻保持去伪存真的鉴别能力。例如，伽利略是比萨大学的医学生，他在教堂做礼拜时，用脉搏作计时器，经细致观察发现教堂吊灯在不同摆动幅度下，其摆动时间相等，从而确立摆的等时性原理。这可能是个传说，但说明了伽利略观察事物十分细致与敏锐。接着，他要回答单摆为什么具有等时性，则是经过严密思考后开展的实验观察。他将摆的圆弧变成斜坡，让铜球从斜坡上自由滚下，先用脉搏，再用音乐节拍，最后用水钟，发现球滚过全程的四分之一距离所用时间，正好是滚过全程所用时间的一半。由此总结出落体定律：在斜面上下落物体的下落距离与所用时间的平方成正比。这样圆满地解释了单摆的等时性，即摆的幅度大时，角速度大，用时短，因此虽然摆幅不同，但用时相等。如果将摆拉到与其垂直轴线成90°的位置，则变成自由落体问题，因此就有了比萨斜塔的故事。所以，只有思维参与了观察，才能将观察的结果进行升华，这是科学研究的最终目的。

对于观察过程中记录的实验数据，应该定期进行分析、整理、分类与归纳，这有利于及时修正实验偏差，不断完善实验内容。

二、实验记录

（一）实验记录的基本原则与要求

及时将所观察的内容规范而科学地记录下来。不仅是保障实验成功的关键性环节之一，还具有保证学术规范、供他人借鉴的作用。对于研究生，实验记录还是科研培训的重要环节之一。良好而规范的实验记录，不仅能提高研究生的科研能力，而且能培养研究生良好的科研素养以及实事求是的科学精神。所以，实验记录不应被忽视或被随意化，应该做到客观、及时、完整与实事求是，使实验记录具有时效性、真实性、客观性、完整性、明了与可重复性。

所谓时效性，就是要及时做好观察记录，最好边观察边记录，如果因种种原因不能做到这一点，也应该在24小时之内完成记录。另一方面，每个实验记录都应该记录实验日期，必要时还应记录实验的时间，精确到小时、分还是秒，应根据实验的需求来决定。

真实性是要求观察者尽可能原原本本地记录实验数据，对于仪器的数据不能进行更改，对于主观观察数据，最好采用双盲性实验设计或多人独立观察。这方面要注意不要落入一个误区：看到什么记录什么，而忽视了可能存在的影响因素。例如，有研究者在开展细胞外液钙离子对心肌收缩力呈正性肌力作用实验时，真实地记录了随细胞外钙离子浓度升高，心肌收缩力先降低，然后缓慢升高；在一定范围内，钙离子浓度越高，这种现象越明显。据此，该研究者总结出一条新发现：细胞外液钙离子对心肌收缩力具有双向调节作用。文章发表后，其他实验室均无法重复此现象，也就是说没有观测到早期的心肌收缩力降低现象，后来有人发现，这位观测者所用的氯化钙虽为分析纯试剂，但其中含有微量重金属离子，所以使得心肌收缩力呈现先抑制然后升高的双向变化。

客观性是要求实验记录时，尽量避免主观因素的参与，防止按照观察者的"预期"进行观察与记录。如观察组织切片时，应对目标区进行全面观察与分析，不应只选取与观察者预期一致的局部进行观察与分析。

完整性是指实验记录的要素要全，不要缺项或漏项。如日期的记录，应记录年月日。如果只写月日，当实验持续时间跨年度时，很难按年分清实验的顺序。

明了与可重复性则要求实验记录详细，他人能读懂，并且依据实验记录的条件，能重复出实验结果。

为了达到上述要求，实验记录必须具备下列基本要素，并且注意一些其他要求。

（二）实验记录的基本要素

规范的实验记录，应该具有下列基本要素：正规的实验记录本、记录目录、实验编号、实验名称与目的、实验材料、实验步骤、原始实验数据、实验数据及其整理分析、实验小结或失败原因分析与改进措施等。可列出清单进行核对，以免漏项。

1. 正规的实验记录本　现在许多研究院（所）或大学都有制式的科研记录本，所有的实验记录，均应记录在这些正规的实验记录本上，这是科研严谨性的开端。

2. 实验记录目录　在实验记录本上，留出两页作记录目录之用，以便归类与查找。实验记录目录不宜过细，到实验名称这一层级较为合适。

3. 实验编号　实验记录本最好有统一的编号，如果有课题资助号，以资助号加-n编号为妥。对于每一类实验，也可编号，以便后期整理与分析。

4. 实验名称与目的　这是实验记录的核心要素，不可缺少。实验名称代表着研究内容的一部分，应该比较具体。实验名称中，往往包含有总体的实验目的，除扩大样本量的重复性实验可使用同一实验名称外，相同实验名称下的多次实验观察，可能因实验的目的不同而存在细微的差别，故每一实验阶段可确定一个实验名称。例如，为了获得模拟失重大鼠心肌细胞凋亡敏感性增高的实验证据，设计了一项实验，观察模拟失重大鼠在经过和未经异丙肾上腺素（ISO）处理后的心肌细胞凋亡率，确定实验名称为模拟失重大鼠心肌组织切片中心肌细胞凋亡敏感性研究，实验分六次完成：第一次实验目的是观察正常同步对照大鼠组、模拟失重组与模拟失重恢复1天组大鼠心肌组织切片中心肌细胞的凋亡率；第二次是重复第一次实验结果，以增加样本量；第三次实验依然是重复第一次实验结果，增加样本量；第四次实验目的是比较同步对照组、模拟失重组与模拟失重恢复1天组心脏经ISO处理后心肌细胞凋亡率；第五次与第六次为重复实验。这样，一个实验名称下，有六次实验，前三次与后三次实验的实验目的略有差别，在一个大的实验名称下，第一次与第四次实验可再拟定一个小的实验名称。第一次实验名称拟为观察模拟失重大鼠心肌细胞凋亡率，第二次实验重复实验一，第三次实验重复实验一；第四次实验名称拟为观察ISO对模拟失重大鼠心肌细胞凋亡敏感性的影响，第五次实验重复实验四，第六次实验重复实验四。

5. 实验材料 这是实验记录的核心要素之一，不可缺少，要尽可能规范与详细。动物品系、体重与年龄等，试剂来源、纯度、浓度与用量等，仪器设备名称、型号与设置条件等，均应逐一详细记录。为了防止遗漏，将这些记录点列在下面。

试剂：名称、批号、厂家、浓度、配制与溶剂、保存条件。

仪器：名称、型号、供货厂商。

细胞／细菌：名称、复苏、冻存、保存处。

动物：品系、来源、年龄、性别、数量。

临床标本：姓名、性别、年龄、诊断及其他临床资料。

6. 实验步骤 这亦是实验记录的核心要素之一，与上述的实验材料一起，构成他人能够重复同样实验的重要依据，所以必须详细且可靠。在第一次开展某项实验观察时，应详细写出实验步骤（亦称实验操作流程，protocol），如果是系列实验或增加样本量的重复实验，可省略，但应注明详细实验步骤的页码。在预实验时，可先根据参考书中的实验步骤，或者依据文献整理出的实验步骤，开展几轮实验后，确立自己正式实验时的实验步骤。对于没有实验步骤作参考的实验，可记录下实验过程的每一步，待到多次实验获得稳定可重复结果后，再整理归纳出自己摸索出的实验步骤，然后依此开展正式实验。对于每项新的实验，必须先有实验步骤，然后严格依据此步骤执行，这是实验最基本的原则。

7. 原始实验数据 这是实验中最重要的部分，必须详细明了。对于定量数据，不管是仪器的打印结果，还是手工记录的结果，应该注意标注数据的含义，以便在任何时候能够读懂，对于防止遗忘是必要的。特别是仪器打印的数字，要随时标记参数的名称。如果只记录一组数字，当时肯定记得数据的含义，时间久了，便会忘记。例如，观测大鼠比目鱼肌肌条收缩功能后，记录收缩力为18 g，达到收缩力峰值时间为141 s，张力峰值下降75%的时间为153 s，实验肌条长度19 mm，肌条湿重17 mg。如果为了省事，直接记录为18、141、153、19、17，当时是记得的，时间久了，很难想起这些数字的含义，特别是他人看时，根本就不知道是什么参数值。

对于定性原始结果，应进行必要的描述，描述时依照一定的顺序进行。如果能对定性结果进行半定量分析，则可免除对大量结果进行分析时的耗时与繁琐。例如，观测心肌细胞凋亡时，可描述为本视野内可见少量TUNEL阳性细胞核，红色荧光标记心肌细胞肌动蛋白，因此，部分TUNEL阳性细胞核源自心肌细胞，部分源自心肌组织中间质细胞。按照体视学法则定量分析表明，本视野内心肌细胞凋亡率为0.5‰。

8. 实验数据及其整理分析 对于实验数据进行阶段性整理分析是很有必要的，这样做有利于不断改进实验方案，适当修订实验进程，使研究结果更趋真值。在每个实验名称或项目下，最好有一次数据的整理分析。这是对实验数据的第一次整理，虽然是初步的整理，但这是一次很重要的整理与分析。养成边实验观测边整理分析数据的良好习惯，可提高实验的效率，千万不要拖到所有实验结束后再整理分析数据，这时候再想补充实验或重做实验，各种实验条件可能已经改变，往往不得不重新开始新一轮实验观测。

在数据整理时，可先将数据记入表中，然后分组计算出均值与标准差，必要时可对组间均值差别进行统计学分析，如果差别不显著，可试着增加样本量进行计算。如果达到具有统计学显著性差别水平，则立刻开展重复实验，补充样本量。有时可绘制趋势图，对于初步确立药物的有效作用浓度有帮助，如在药物浓度较低时，对照组与处理组之间可能没有显著性差别，当浓度升高到某一水平，就出现显著性差别，依据初步结果，决定是否需要继续开展重复性实验，以增加样本量。

对于图片资料，比较可行的做法是将图片排列在一起，上面一排为对照组，下面一排为处理组，如果是同步对照，则上下对应排列，观察分析可能存在的差异。在分析之前，确定一些质量标准，在分析图片时，可依据质量标准剔除一些质量不达标的图片，然后进行半定量或定量分析。对于有些不能进行半定量或定量分析的图片，要对差异进行详尽的文字描述。

9. 实验小结或失败原因分析与改进措施 实验阶段性小结，可帮助研究人员及时地总结分析实验设计与实验步骤是否存在明显的缺陷，也能为下一步实验提供有价值的参考。所以，这是实验记录的精华所在，应该认真做好，也是提升研究者能力的重要环节，需日积月累。

实验阶段小结除总结预期的阳性与阴性结果外，分析失败原因往往更有意义，一方面能总结经验教训，使实验趋向成功，另一方面，可能成为新的生长点。分析失败原因，其实是对前面阶段性记录数据的一次分析，无论能否找到失败原因，都应该提出改进措施或补救办法。获取成功经验与探寻失败原因的过程中，前期原始记录的详尽程度是决定性因素。例如，一名研究者经过三个月的失败后，在某一天终于做出一次成功的实验，再次重复又失败。当他坐下来查找原因时，他发现因数据记录过于简单，只记录"实验日期，重复某项实验，失败！""实验日期，重复某项实验，意外成功，万分欣喜！明天再次重复。""实验日期，重复某项实验，又失败，郁闷！"所以没法通过实验记录提供成功与失败的线索。他只好改进记录，使之尽可能详细，又经过半年失败，终于又获得一次成功，这次再依据实验记录进行比对时，很快找到失败的原因，并分析出成功的关键因素，使得后面的实验一路顺畅。

（三）实验记录的其他要求

1.必须记录实验的年、月、日，再依据实验目的记录精确的时间，达到小时或分、秒的精度。最好能记录天气、实验室温度与湿度。

2.记录字迹工整，保证任何人都能看清楚记录内容。避免实验记录本成为草稿本。要用黑色钢笔或碳素笔记录，不要用铅笔或圆珠笔记录。

3.记录本的页码必须是连续的，不能随意撕页。记录本上不能留空白处。如有大篇幅遗忘记录时，可在后面进行补充，但要详细说明。

4.记录本上不能随意涂改。如果发生书写错误需要修改时，将错误记录中间画删除横线，并签字。

5.原始记录不能记在计算机文档中，有些只能保存于计算机中的数据，应打印出来，粘贴在实验记录本中。也不能走向另一个极端，全部是打印粘贴的观测数据。

6.课题负责人或导师，应该定期检查实验记录本，并签名。

（四）实验记录原始资料的保存

当课题结题或研究生毕业时，应将实验记录本交给所在课题组或相关部门进行保存。作为科学文档，应该有专门的档案柜进行保管与保存。对于具有突破性、创新性成果的实验记录，要格外注意保管与保存。

在实验过程中，除文字记录外，一些特殊的实验记录，应进行专门的处理后保存。

1.实验图表　计算机绘制的图表，或者一些专门的仪器打印出的图表，可粘贴在实验记录本的相应位置，并压边签字。

2.热敏纸打印出的数据或图片　复印图或数据，将复印件与原件一并贴在记录本上。热敏纸容易褪色，为防止数据丢失，故要复印保存。

3.照片　在照片背面记录时间、实验名称与目的，将照片贴在实验记录本上。如果保存在实验相册中，一定要记录照片拍摄条件与实验处理参数。对于大量保存于计算机中的电子照片，应做备份，并在实验记录本上记录详细的储存位置。

4.自制的记录表　许多重复性实验，一般采用自制的记录表进行记录。在实验结束时，将这些表装订成册，并在实验记录本上进行说明，作为实验记录本的附件，一并保存。

5.计算机记录数据　一些生理学实验，生理参数记录仪记录大量的原始曲线与数据，应将这些数据与原始记录分析程序一起，在移动硬盘与光盘上进行双备份，并在实验记录中记录详细的储存路径，以及备份光盘与硬盘的名称、位置，以便后期查找，或者进行数据的再次分析整理。

（五）实验记录中常见的不良习惯

一些不良习惯对客观、及时和准确收集实验数据非常有害。常见有：

1. 将实验数据记录于纸片上　实验操作时，由于未携带实验记录本，有时将某些实验现象随手记录于身边的纸片或其他纸质材料的空白处，本想以后再将其转抄至实验记录本，但由于随手记录的内容一般欠详细，待需要正式记录时遗忘了其细节甚至关键内容，或遗失了小纸片。为避免上述现象发生，须养成随身携带实验记录本的习惯，或将实验操作流程打印并贴于操作台，打印时旁边留一定空间用于填写某些随想或改变的条件，待实验结束时再将其贴到实验记录本上。

2. 不及时记录实验　有人习惯用脑子记忆当天（甚至几天）的实验过程，待空余时再将其记录于实验记录本。殊不知好记性远不如烂笔头，某些事情是瞬间记忆，转身即忘，或仅记住一部分，遗忘或记错的后果可能使某些重要实验现象被遗漏。有时被遗漏的恰巧是关键数据，导致实验者与成功失之交臂。尤其对于某些实验操作过程中临时改动的条件，若未及时记录，即使此次实验成功，日后也难以重复，因为某些细微变化根本不可能回忆起来。兹举一例：某学者喜用脑记忆，且习惯于临时改变实验条件，某次对一个长时间未能成功的实验进行改动，居然获得成功，为完善该实验的对照条件，须重复相同实验，但由于未及时记录改变的条件，事后花费半年时间才重复出相同结果，代价之大可想而知。

3. 不及时整理实验数据　实验数据的及时整理极为重要，否则难以从中发现实验的某些规律，也难以对后续实验的实施和调整提供正确指导。实验者常期望在有限时间内尽可能多做一些实验，往往将实验数据简单整理，甚至不整理，即匆匆进入下一轮实验操作，结果可能导致某些实验错误持续存在，或重复某些无意义、无价值的实验，或使应该深入的线索不能及时被发现，或导致长时间都在实验失败的痛苦中挣扎。所以在实验中，有时快即是慢，慢也可能即是快。养成实验后及时整理和分析实验数据的习惯，常会有意想不到的收获。

4. 不记录实验的年份和时间　"Time is flying."——若同意这样的描

述，则请将年份记录于实验记录上，因为转眼就是一年。有人总认为，一年的时间足够长，实验记录上除首页外，仅记录月日，尤其对可能需长期存放的试管也仅记录月、日，殊不知当回顾性分析某些实验结果时，需要依据准确的时间。另外，很多人不习惯记录实验的具体时间（尤其是身边无可提供准确时间的钟表时），从而可能造成实验的实际发生时间与记录不符，有时直接影响对实验结果的分析。因此，应养成看表并记录时间的习惯。

5. 仅记录"阳性"结果 实验结果指经实验操作所获得的结果，其本质上无阳性和阴性之分，因为结果是客观的，阳性和阴性均为研究者在一定假设基础上所界定的。因此，应保留实验所获的全部数据或现象。有人错误地认为"阳性"结果才有保留价值，并随意地将当时认为"阴性"的结果舍弃，待后续实验突然发现被舍弃的结果有意义时，已难以弥补。总之，请勿纵容自己养成某些坏习惯，有时为此付出的代价是耗费时间和金钱都难以挽回的。

6. 仅记录符合主观想象的内容 实验记录指记录实验过程中所有实际发生的事件和现象。整个过程中的任何变化、所获得的任何正常或不正常的观察结果等均须如实记录。即便在出现很多错误的情况下，记录下实际发生的事情才能使日后解释实验成为可能。有人仅记录自认为成功的实验，而舍弃失败的实验。殊不知失败乃成功之母，若不记录失败试验的全过程，就难以分析失败的原因，也不可能缩短通往成功之路。良好的科研素养对于研究者极为重要，应及时纠正不良习惯，重视实验记录的及时性、准确性、科学性、规范性和完整性。

数据整理分析与科学图表制作

升华理论的阶梯

实验结果是论文的核心部分，在专业文献或毕业论文里看到的实验结果通常以三种形式表达：表格形式、作图形式和照片形式，近年来随着科学技术的发展，还能用录像的视频展示某现象的动态过程。图表可以直观、高效地表达复杂的数据和结果，真实、准确地展示和反映数据的变化及其规律，以较小的空间承载较多的信息，能使读者对实验结果一目了然。因此，实验数据经过科学分析和整理之后，就要选用合适的图表将它直观地表达出来。无论是表还是图，简单、明了、易懂是关键。在表述实验数据时，只要按照制表与制图的基本要求，是比较容易整理出的。

一、实验数据的整理与分析

在实验过程中，已经进行了实验数据的第一次整理，每次实验只是一例数据，当实验结束后，要尽快对数据进行第二次整理与分析，最好采用列表的方法，按照实验分组，每列为同一组数据。由于存在实验误差与测量误差，应将偏离平均值较大的数据剔除，否则会影响后面的统计学分析。在此基础上，将数据输入统计学软件内，进行统计学组间均值显著性差别分析，然后再绘制所需的统计图（许多软件均同时具有统计学分析与科学绘图功能）。

对于图像或其他非定量实验结果，应将图像排列在一起，选出典型图片。或者对非定量结果进行半定量处理后，依据半定量结果选取与均值接近的图像作为典型图。医学与分子生物学实验中，蛋白印迹（western blotting）图像较多，需先用专门的分析软件对蛋白条带进行半定量分析，依据光密度值表示蛋白的表达水平，然后依均值选取典型的电泳图。

1.文字与图表的选择　首先要确定实验结果是否有必要用图表表达。如果用简单的文字表述足以说明问题的，就不需要使用图表，由于图表主要用于表达大量及（或）复杂的信息，而研究者对某观测指标仅有少量的数据，信息简单而有限，直接将这些数据列在正文中加以阐明，比用图表效果更好。

2.图和表的选择　不同的图表所能表现的主题各有不同，所以要选择最能表达主题的图或表格类型来表达特定的结果。在功能方面，表格侧重数字描述。当数据量较大、分组较多时，表格可真实、准确地展示数据，但不容易看出变化趋势，如表4。如果仅展示患者使用某种药物的临床基本资料，如年龄、性别、疾病的分型、分期或程度等信息，以表格表达更合适。图片侧重表现关联、趋势、因果关系等，揭示变化规律。例如，要展示两种药物杀菌效果的比较，用直方图比用表格表达更直观、更能突出重点。根据确定的表达主题和观点，选择合适的形式，使实验数据以最有说服力的方式表现出来，最后才能得出科学的、令人信服的实验结论。

二、论文表格的基本要求

表格用来表达实验结果，适于呈现较多的精确数值或无明显规律的复杂分类数据，有利于汇总庞大的数据，并显示统计学分析得出的相关参数以及平行、对比、相关关系的描述。

论文中的表格采用国际通用的"三线表"，不出现斜线、竖线以及省略了横分割线，复合表可适当添加辅助横线。

表4 MANF转基因与野生小鼠超声心动图观测指标

Patameter	Female WT（n=6）	Female MANF KD（n=7）	Male WT（n=6）	Male MANF KD（n=7）
FS（%）	39.80 ± 3.11	50.47 ± 0.75*	36.89 ± 1.87	45.96 ± 1.72*
EF（%）	70.61 ± 2.72	82.62 ± 0.74*	67.91 ± 2.35	77.82 ± 1.83*
LVEDU（μl）	53.17 ± 2.37	49.82 ± 3.25	41.83 ± 3.02	56.93 ± 3.86*
LVESV（μl）	15.97 ± 2.18	8.74 ± 0.87*	13.18 ± 0.72	12.99 ± 1.94
LVIDD（mm）	3.58 ± 0.09	3.40 ± 0.06	3.22 ± 0.10	3.66 ± 0.10
LVIDS（mm）	2.10 ± 0.14	1.65 ± 0.11*	2.02 ± 0.04	1.98 ± 0.11
PWTD（mm）	0.89 ± 0.05	0.77 ± 0.06	0.92 ± 0.07	1.05 ± 0.14
PWTS（mm）	1.15 ± 0.06	1.32 ± 0.08	1.25 ± 0.12	1.45 ± 0.07
AWTD（mm）	0.85 ± 0.06	0.95 ± 0.11	1.03 ± 0.07	0.94 ± 0.04
AWTS（mm）	1.45 ± 0.07	1.58 ± 0.06	1.43 ± 0.07	1.56 ± 0.08
LV mass（mg）	99.16 ± 8.22	92.65 ± 7.72	106.75 ± 6.94	124.01 ± 14.04
HR（bpm）	472.96 ± 2.98	458.69 ± 5.51	473.88 ± 11.14	453.20 ± 4.58

FS, fractional shortening; EF, ejection fraction; LVEDV, left ventricular end diastolic volume; LVESV, left ventricular end systolic volume; LVIDD, left ventricular inner diameter in diastole; LVIDS, left ventricular inner diameter in systole, PWTD, left ventricular posterior wall thickness in diastole; PWTS, left ventricular posterior wall thickness in systole; AWTD, left ventricular anterior wall thickness in diastole; AWTS, left ventricular anterior wall thickness in systole; LV mass, left ventricular mass; HR, heart rate in beats per minute（bpm）. Statistical analyses used Student's unpaired t test.* p≤0.05, difference between WT and transgenic MANF KD mice of the same sex.

表格由三部分组成：表题、表体、表注。

1. 表题 包括表的序号和标题，标题应简短、清楚，且能反映表格所展示的主要或核心内容。当一篇论文中仅包含一张表时，可写出"表 标题"，也可写成"表1 标题"。

2. 表体 表的主体包括由行组成的横向条目名称与横向条目数据，以及由列组成的纵向条目名称，通常纵向条目名称放在表格的最左列，纵向条目常为自变量或观测指标，这点与图是一致的，不同之处在于表中可列出多个观测指标，而图中纵轴只能置一个观测指标。横向条目名称为因变量或分组/处理，横向条目数据为相应的因变量或分组/处理数据。此外，表中小数的位数要对齐，且均值和标准差的小数保留位数要一致。表示统计学显著差别的标记，应置于处理组数据末。如果所投期刊没有特别的要求，表格中一般不加入P值的具体数值。

3.表注 位于表格下方，包含帮助读者阅读和理解表格所必需的信息，为了使表格具有自明性，这部分应该详细一些。必须写出的内容有：表中缩写的全称，均值±标准差或标准误，样本数量，表格中统计学显著性差别的标记是表示$P<0.05$还是$P<0.01$，与哪一组相比较等。

三、研究图的种类、结构与要求

（一）图的类型

论文中的图，可分为三类：原始记录图、统计图与描述图。

1.原始记录图 原始记录图包括照片，形态学图像（免疫组化图、电镜图），心电图、超声波等影像图，流式细胞图，免疫印迹图等，是一类实时记录的图像，所示的实验结果直观、信息量大，但为非定量数据。

为了后期的论文发表，以细胞排列示范图为例（图16），在获取或处理原始图片时，须注意：①原始照片的分辨率不低于300 DPI，在做图或插图过程中不能降低清晰度；②在原始图中使用箭头等标记，以突出重点，亦可采用局部放大的方式突出重点；③要标明不同的处理因素、分子量，标明放大倍数或在图中放置内标尺，组织切片排列时，要特别注意细胞或切片放置的方向，具有基本的美感。

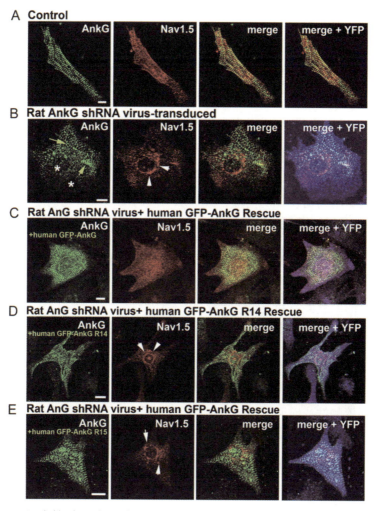

图16　细胞排列示范图（Ankyrin G调节Nav1.5在心肌细胞中的定位）

　　正常对照组中，Ankyrin G与Nav1.5共定位于细胞膜和T管（A）；AnkG shRNA病毒转染培养新生大鼠心肌细胞，有些细胞依然有AnkG的表达（B，黄箭），但是在AnkG完全不表达的细胞（B，星号）中，Nav1.5聚集在核周围（B，白箭头），不能正确定位。当加入人GFP-AnkG转入外源性AnkG时，AnkG呈横纹状分布（C，绿），Nav1.5（C，红）与AnkG共定位（C，黄）。当加入突变的人GFP-AnkG R14（D）或R15（E）时，细胞表达AnkG R14（D，绿）和AnkG R15（E，绿），但是Nav1.5的分布同B。蓝色代表转染成功的细胞。标尺：10 μm。

2.统计图 常用的统计图包括线形图、直方图、散点图、饼形图、生存图与一些特殊的统计图等。根据数据的类型以及表达的观点，选择最合适的表达形式，即最能充分反映数据的信息以及展示作者表达观点的统计图类型。数据类型有连续数值与间断数值两种类型，连续数值适于采用线形图表示，而间断数据适于用直方图与散点图等来展示。另一方面，亦可按照作者表达观点来选择展示的图形，如展示不同性质分组资料对比结果时可选用直方图；说明事物各组成部分的构成情况可用饼形图；为表明一事物随另一事物而变化的情况，或显示一段时间内某事物的变化趋势时选用线形图；表达两种事物的相关性和趋势可用散点图。

线形图（图17）适用于连续性资料，着重表现各个变量之间的定量关系和连续变化趋势，用于表明一事物随另一事物而变动的情况，如因变量随时间的改变而变化（时间依赖性或时间动力学变化），或随浓度的改变而变化（浓度依赖性）等。横坐标为自变量（即处理因素），常为连续变量；纵坐标为因变量（即观测指标），用线将各点的因变量

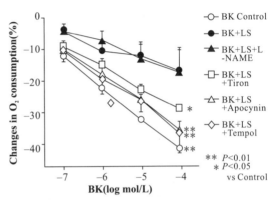

Figure 2. Changes in oxygen consumption in cardiac muscle segments. BK (from 10^{-7} to 10^{-4} mol/L) was used to stimulate endogenous NO release. Coincubation with tiron (10^{-3} mol/L), tempol (10^{-3} mol/L), or apocynin (10^{-4} mol/L) restored the inhibitory effects of LS on oxygen consumption. On the other hand, coincubation with L-NAME (10^{-4} mol/L) mimicked the inhibitory effect of LS in normal heart tissue. *$P<0.05$, **$P<0.01$ for difference from BK+LS (n=6 each).

图17 典型线形图示例

值连接起来，成为曲线图。如有不同组别，可用不同的线、符号（空圆圈与实圆圈、空方框与实方框、空三角与实三角——目前多数期刊按此顺序使用符号，也有期刊具有特殊的顺序要求，所以，在制图前应仔细阅读期刊对图的要求）或颜色加以区分，并用图例说明。

直方图适用于自变量为分类数据的资料，用直条的长短来代表分类资料各组别的数值，表示它们之间的对比关系。可分为：①单式直方图，纵

坐标为测量值，横坐标为不同的处理组，各直条均标记了误差范围，上面可标记统计学差异，各直条宽度相同，各类型间隙相等；②复式直方图，横轴和纵轴同单式直方图，区别仅在于同一类型中可有2个或2个以上的亚组，并用不同颜色或直方内不同图案标记，如图18。

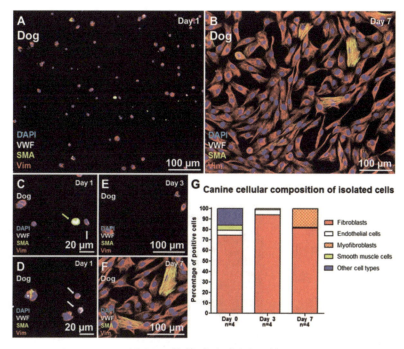

图18　堆栈式直方图示例

散点图（图19）表示因变量随自变量而变化的大致趋势，可用于表示两种事物的相关性和趋势，可将所有采集样本的数值表示出来。如果图中含有两个变量，一般X轴表示自变量，Y轴表示因变量。如仅要表达两个变量间的相关关系，可以不考虑在X轴表示自变量、Y轴表示因变量这一要求。如散点图用于分类数据的比较，不但能反映组内数据的离散情况，也能直观地反映组间数据的分布情况，但须以中位数表示差别，以便进行定量统计分析。此外，散点图还可反映变化趋势或进行相关性分析。例如，有时不同的处理组虽然均值相似，用散点图即可显示出各组不同的变化趋势和规律。散点图多用于数值的正常分布范围较大时，如心肌细胞的长度，正常值分布在30μm至200μm范围内，当心肌细胞发生肥大后，虽长度增加，均值间可能缺乏统计学显著性差别，但是，长度的分布范围可能明显向更长的方向偏移。

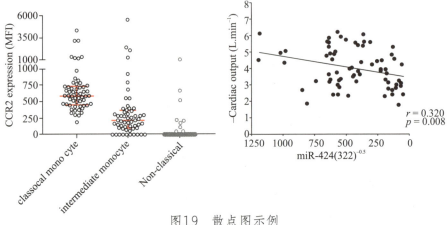

图19　散点图示例

饼图（图20）则用于显示构成比，是一个划分为几个扇形的圆形统计图，适用于描述量、频率或百分比之间的相对关系，各部分之和为100%。

以上所述均为基本的、常用的统计图，目前在分子生物学与细胞生物学领域，为了形象

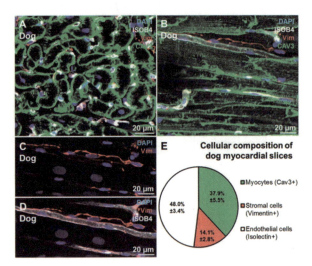

图20　饼图示例

地显示数据，出现了许多新类型的统计图，如t-SNE图（t-SNE map）、热点图（heat map）与扩散映射图（diffusion map）等，要读懂这些新类型的统计图，须向专业人员请教。

3.描述图　描述图是一类用图示的方法，将复杂内容简化，可避免长篇文字描述。在学术论文中用得较多的有示意图、模式图与流程图等。

示意图（图21）是大体上描述或表示物体的形状、相对大小、物体与

物体之间的联系（关系），描述某分子或细胞或器官的大体结构和工作的基本原理，描述某个工艺过程的简单图示。其特点是具有形象性与示意性，即忽略实物细节而强调重要特征。目前使用较多的蛋白质分子结构图，其实质是示意图的一种类型，只不过对结构的描述更加精确。

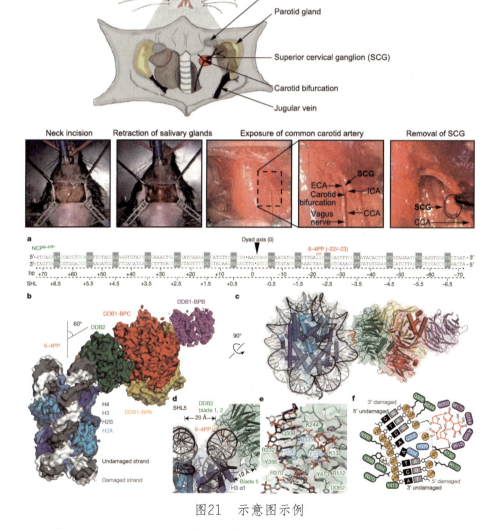

图21　示意图示例

模式图（图22）是把具体形象转化成图示形象，以方便理解实物各部分结构之间的关系。在医学与生物学研究中，由于多因素之间的相互影响方面的研究越来越多，为了方便阅读，高度归纳绘制模式图的期刊逐渐增多，如

《科学》（*Science*）。许多期刊需要图文摘要（graphic abstract），其实就是模式图加文字摘要，使主要与重要的研究结果一目了然，如《细胞代谢》（*Cell metabolism*）等（图23）。

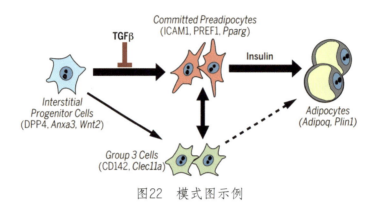

图22　模式图示例

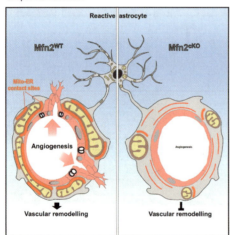

图23　图文摘要示例

流程图（图24），也称框图，由多个文字框、符号框或数据框组合构成，侧重于表达事物演变和变化过程、工作或实验步骤和顺序、信息传递方向等。描绘细胞内代谢途径与走向的图，其实是"变种"的流程图。

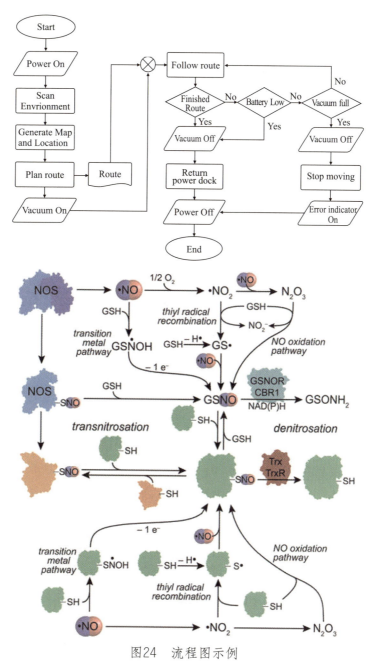

图24 流程图示例

（二）研究图的结构与要求

1. 研究图的结构

（1）图题 包括图的序号和简短的题目，题目最好使用与图及其相关正文描述相同的关键词或短语。现在经常使用组合图，1个组合图使用1个标题，而组合图中的子图按照顺序标明A、B、C、D等（图25）。

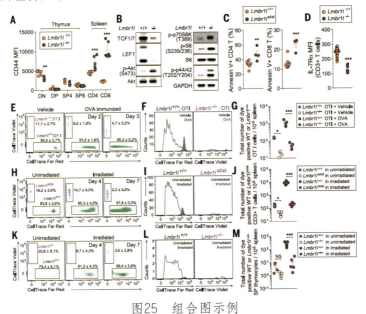

图25　组合图示例

（2）轴标　对于含有横轴、纵轴的统计图，两轴应有相应的轴标，同时注明相应的数值单位。

（3）数轴　数轴刻度应等距或具有一定规律性（如对数），并标明数值。横轴刻度自左至右，纵轴刻度自下而上，数值一律由小到大。一般纵轴刻度必须从"0"点开始（对数图、散点图等除外），其高度即最大值应与获得结果最大值相对应或大一个刻度。

（4）图例　图中用不同线条、符号或颜色代表不同事物时，应用图例说明。

（5）图解　位于图的下方，其作用就是使图可理解而不必依赖阅读正文。图解的内容依图内涵的不同而不同。典型的图解包括三个部分：说明实验必要的细节，为理解图的必要补充，表达图中未能表达的必要信息；对图中缩写和符号给予说明；统计学信息，如样本数、实验重复次数，数值是均值±标准差还是标准误，统计学显著性差别符号所表示的P值，以及哪两组或几组间的比较等；必要时还需写明采用哪种统计学分析方法。图解的内容要简洁、清晰和明确，易于读者理解。

2. 研究图的要求

（1）自明性 读者只看图，就可完整无误地理解图意和作者要表达的研究结果，而无须阅读正文。故要求每个图都应该相对独立，显示完整的资料信息，图中各组元素（术语名称、曲线、数据或字母缩写等）的安排要力求使表述的数据或论点一目了然，避免堆积过多的细节或缺少必要的信息，从而造成对图理解的困难。

（2）规范性 尽管根据资料类型的不同可选择不同的统计图类型，但是科研论文和图型具有自己特定的模式，图型设计均需规格化，也就是说要符合上述的基本结构要求。因此，研究者必须遵循这些规则，规范数据的处理和分析，规范图的制作。

（3）原始性 对于原始记录图，当用作典型图时，应严格地忠实于描述对象的本来面目，不可臆造、添删或改动。

（4）简洁性 图表可表达大量信息，使复杂的关系简单化、明朗化，不仅可辅助文字描述，还可帮助读者理解文字难以表达清楚的内容，以减少文字表述的复杂性。因此，做图时必须明确图所要表达的主题，突出重点，图的形式亦应尽量简洁。如果一幅图承载的主题过多，反而令人费解。合适的做法是一个主题一个子图，各个主题用多个子图来表达，再组成复合图。或者将相同的主题的不同角度获得的数据放在一起，组成复合图。

3. 制图软件的选择 SPSS（statistical product and service solutions）系列软件包，是目前比较推崇的统计软件，它集数据整理和分析功能于一身，主要包括数据整理、统计分析、图表分析、输出管理等，其统计分析过程包括描述性统计、均值比较、一般线性模型、相关分析、回归分析、对数线性模型、聚类分析、数据简化生存分析、时间序列分析、多重响应等几大类，也有专门的绘图系统。但是，在进行第一次数据整理时，常用软件为 Excel，其数据整理功能较强大，能绘制出各种不同图形，包括线形图、直方图、散点图、饼图等，制表也较方便，可与SPSS等软件配合使用。此外，Origin也是一个功能强大的统计学分析与科学做图软件，操作方便。

四、实验结果的文字描述

完成图与表格的制作后，在研究结果部分须针对表格与图的内容进行简要的文字描述。如果表格中列出被试者的年龄、性别与体重等基本信息时，可不作描述。当表格中列出多项观测指标、不同的处理组时，应对各组间统计学差别的显著性进行描述。以表4为例，表下的注释对表中具有显著统计学差异的参数进行了描述：小鼠超声心动图检查的基础心功能参数列于表4中，与野生型小鼠心脏相比，MANF基因敲除（MANF KD）小鼠心脏射血分数（EF）升高，两组均值间具有显著性统计学差别（$P < 0.05$）；雌性MANF KD小鼠左心室收缩末期容积（LVESV）稍降低，相反，雄性MANF KD小鼠左心室舒张末期容积（LVEDV）稍增加，雌性MANF KD小鼠收缩期左心室内径（LVIDS）略减小。

对于原始图，要进行定性的描述。现在多将典型的原始图与定量或半定量图相结合，应先对典型的原始图进行定性描述，主要指出明显的变化，然后对定量图的统计学差别是否具有显著性进行描述。例如，关于图21，该研究论文是这样描述的：犬心肌组织不经冰冻，以保证对心肌结构与细胞组成的损伤达最小程度，300 μm新鲜切片用4%多聚甲醛固定，心脏的主要细胞组成为三类：心肌细胞、内皮细胞与间质细胞（大量是心成纤维细胞）。使用CAV3、VIM和Iso-B4抗体观测犬心肌组织细胞的组成（图21a~d），CAV3可将细胞膜染色，用以鉴别并计数心肌细胞；Iso-B4用以标记内皮细胞；VIM标记间质细胞。虽然VIM并非特异性心成纤维细胞标志分子，但文献常常用以标记心成纤维细胞。本研究中，VIM阳性细胞被认为是心成纤维细胞，其局限性后面再讨论。心肌组织切片中细胞组成的定量分析表明：内皮细胞占比最高，达48%；心肌细胞为37.9%；间质细胞占14.1%（图21e）。

定性描述的关键是突出重点，直接描述发生的改变。而定量描述的内容具有比较规范的写法，可多看几篇相关领域的高质量研究论文进行模仿。

撰写科研论文

戴着镣铐的舞蹈

　　科学研究论文，是科研人员为了将自己的研究结果公之于众、得到同行认可而撰写的文章。经过多年的凝练，科研论文已形成公认的格式：引言，研究方法与材料，研究结果，讨论与结论。科研论文这种格式化的要求使我联想到我国古代的格律诗，不但字数有限制，而且在发声的韵律方面也有严格的要求。不惟中国的格律诗如此严格，西方也有格律诗这种严格的文体。歌德就曾用"戴着镣铐跳舞"来描述格律诗写作的特点。科研论文的这种格式就相当于是镣铐，尽管这种镣铐相对比较柔性。在公认的格式框架之下，写出自己的创新性结果，则是在跳舞，舞蹈的精彩程度，由创新的程度决定。以下，我们就谈谈科研论文的"镣铐"——科研论文的框架，以及如何在框架内跳舞。

一、科研论文的框架

（一）引言

　　引言部分应该包含下列要素：研究意义，已知的背景，未解决的问题，解决问题的方案或思路，主要研究结果。要写得水乳交融，既要包含所有要素，又要丝毫没有研究意义等要素的痕迹。这是科研论文较难写的部分之一，也是打动审稿人或吸引读者注意力的关键点之一。所以，要下足功夫写作这部分，写好后反复推敲。

一般用一句话描述研究意义，所以需要高度概括。已知的背景知识要写得很肯定，为业内公认的结论，引用的文献最好是本领域的权威期刊，且是近五年的文献。巧妙地提出未解决的科学问题，应体现高度的凝练特征。以上三方面从大到小款款道来。紧接着写解决问题的科学假说或方法，要写得比较具体，但也要浓缩内容，这能展现写作者的功底，以及对研究目的与解决方案的熟练程度。最后可简要用一句话写本研究获得的主要结果，以表明解决了前面所提出的科学问题。另外，引言部分还有将全文中非约定俗成的术语进行定义，这一点往往被作者忽视。

以《循环研究》（*circulation research*）期刊上的一篇研究论文为例《老年性线粒体功能紊乱加速动脉粥样硬化》（"Age-Associated Mitochondrial Dysfunction Accelerates Atherogenesis"），看看其引言部分的写作特点。

该研究论文开门见山，直接指出该项研究的意义。

> 心血管疾病的发病率与死亡率在老年人中居首位，在美国占死亡率的25%。尤为重要的是，死亡的心血管病人中，年龄大于65岁的占81%。

紧接着以流行病学调查结果这种公认的背景知识引出科学问题。通过举例的方式，将"衰老相关作用"与自噬相关联。我们知道，衰老相关作用有很多方面，作者巧妙地避开繁琐的叙述，直接将这些可能作用中最重要的提出来进行关联，这也是论文中引言与综述描述侧重点的不同之处。通过对自噬高度概括性描述，将其与炎症联系在一起。

> 流行病学调查表明：衰老是动脉粥样硬化的主要危险因子。

然而，尚不清楚是慢性高胆固醇血症，还是其他衰老相关作用增加了动脉粥样硬化的危险性。比如，自噬特别是线粒体自噬水平随老年化降低。自噬可清除损伤的线粒体，是长寿的关键调控因子。自噬小体包裹功能紊乱或损伤的细胞器，与溶酶体融合后将这些细胞器降解。自噬功能紊乱导致损伤相关的分子释放，引起炎症，进而促进慢性血管疾病如动脉粥样硬化。因此，自噬通过清除丧失功能的细胞器而防止炎症。

进一步通过引述他人的研究结果，表明自噬与动脉粥样硬化相关联，并提出细化的问题——血管衰老如何影响线粒体自噬尚不清楚。

多项研究表明自噬与动脉粥样硬化相关联。例如，在敲除Apoe小鼠粥样硬化的主动脉，自噬体内膜关键性接头蛋白p62集聚。敲除小鼠骨髓细胞自噬基因，经降低巨噬细胞吞噬作用而增加动脉粥样硬化斑块的坏死。给动脉粥样硬化小鼠喂食多胺亚精胺增强自噬，可增加小鼠寿命并降低动脉粥样硬化程度。然而，自噬特别是线粒体自噬随血管衰老如何改变并不清楚。

进而指出已有研究动物模型的不足之处，并采用新的动物模型，将衰老的固有作用与高胆固醇血症的作用区分开来。

目前采用的啮齿动物动脉粥样硬化模型，不能区分衰老的固有作用与高胆固醇血症的作用。敲除Ldlr与Apoe小鼠，3月龄即出现高胆固醇血症，12月龄发生代谢紊乱。为了克服这些局限性，我们使用肝脏营养型腺相关病毒（AAV）高表达Pcsk9，导致LDL（低密度脂蛋白）受体降解，并随后给小鼠喂高脂肪饮食，诱导年轻和老年野生小鼠形成急性高胆固醇血症。这使我们能够直接研究衰老的固有作用对动脉粥样硬化发展的影响。

最后简述主要的研究结果。

采用这种可诱导性高脂血症模型，我们用青年和老年、雄性和雌性小鼠来研究衰老对急性高脂血症发生前和进展中血管系统的影响。发现在高脂血症之前，血管老化导致IL（白细胞介素）-6水平升高、线粒体功能受损并伴有线粒体自噬增强，从而加剧急性高脂血症引起的动脉粥样硬化。

这个引言是一个非常典型的写法：引言从大处入手，逐渐向小处过渡。大处其实是研究意义，小处即研究的具体内容，大多数研究者采用这样的写作模式。但无论如何写，引言中均要包含前面提及的几个要素。对于写作新手，最好找几篇范例作为模板，深入解析，然后进行模仿。

如果撰写英文论文，这部分的研究意义、已知的背景知识均采用现在时态；自己的研究方法与研究目的，使用过去时态；但是，在提及自己的研究结果时，用现在时态。

（二）研究方法和材料

撰写这部分内容相对容易一些，但是对于细节要描写清楚。在引用他人方法时，必须自己重新写一遍，切忌将引用文章中的方法直接复制粘贴，避免抄袭之嫌。如果撰写英文论文，这部分使用过去时态，子标题用现在时态。

许多期刊要求描述仪器时，写明型号、制造商、地址与国家，对于试剂盒、试剂、抗体、细胞系等，应写明货号、制造商、地址与国家。这些补充信息一般写在括号内，在描述对象第一次出现时标注。

在采用已成熟的研究技术时，一般引用原始技术与方法，然后简要描述研究方法的主要步骤，特别是与他人不同的方法步骤。温度、时间、终浓度、离心时的转速等细节要描述清楚。如果是自己创建的方法，则要详细描述。目的是让读者在必要时能依据所描述的方法与步骤，重复出相同的实验结果。每一种技术或方法，使用一个子标题。

在此部分，记得最后写明所采取的统计学方法与所选择的显著性阈值。

（三）研究结果

在撰写研究结果之前，要将图表制作出来，并写出图题、图注或表题、表注等，使之成为不需要文字说明就能看懂的内容。然后依据引言中提出的科学假说，将实验证据即研究结果，有机地排列成为完整的"故事"，来支撑研究假说，使之成为令人信服的结论。如果对关键性观测指标有多项影响因素，应设法提供控制这些影响因素的实验证据。这部分是研究论文的核心部分，要条理清楚，符合逻辑。切忌将所有的观测数据全部搬出来，不加选择地、毫无关联地堆砌在研究结果中。

在描述研究结果时，首选图来表示，其次选表，最后是单纯的文字描述。这是因为图包含的信息量大且直观，特别是典型的电镜照片、免疫荧光图片与蛋白印迹图等，是表与文字无法替代的。表具有更精准地展示研究数据的特征，比文字描述直观一些。当然，如果仅用文字就能描述清楚的研究结果，就没有必要选用图、表，直接用文字描述即可。总之，无论采用图、表还是文字描述，研究结果的展示应遵从简单、明了、科学、精准的原则。

在研究结果部分，最好按照一定逻辑，建立子标题，将同一类的研究结果集中在一个子标题下展示。现在许多研究结果中，既有定性结果，如典型的免疫荧光组织切片图，也有定量的结果，如基于定性照片采用半定量方法或光密度分析总结出的定量图。在进行文字描述时，先描述定性结果，再比较定量结果的统计学差别。一般不作研究意义、研究结果可信度与科学性方面的描述，除非少数期刊要求将研究结果与讨论合并在一起描述。

如果撰写英文论文，在进行两组或多组数据比较时，要特别注意英文与中文的差异，比较相同层级的内容。如，"Expression levels of p53 in the aging group were compared with the control group." 正确的写法是 "Expression levels of p53 in the aging group were compared with those of the control group." 另外，子标题用现在时态，研究结果的描述采用过去时态。

（四）讨论与结论

讨论部分主要描述下列内容：

复述具有创新性的研究结果。许多科研论文在讨论的第一段将本研究中最具有创新性的研究结果复述一次，但不是简单地重复，而是将其与研究结果的科学价值巧妙地融合在一起。

对引言中提出的科学问题进行稍深入的阐述，关键是说明本项研究是否解决了此科学问题，解决此科学问题的创新性技术方法或理论体现在何处，以及解决此科学问题的益处有哪些。

对创新性研究结果的含义进行深入的阐述，着重描述其对本领域科学研究的推动作用，千万不要将研究结果换一种表述方式再重复一遍。换而言之，作者应该将研究结果所包含的意义与作用阐述清楚，而不是让读者去猜测有什么含义与作用。对于容易引起歧义或错误理解的研究结果，还应设法避免引起可能的错误理解。如多种因素均可导致或影响一项结果，讨论中就应该依据研究结果，分析导致结果的主要因素，对于其他因素进行基于实验的分析，表明其他因素的影响是次要的或仅具有微小的作用。这是讨论部分的精华所在，也是审稿人评价这项科学研究是否具有较高影响力的重点。

对于不确定或有争议的问题，可简略地提出来，最好的方法是以将来待开展的研究方向作为解决之道。对于明显的研究不足或缺陷，又暂时缺乏弥补的方法，或者目前的实验条件无法弥补，就应该直接写出本研究的局限性，避免成为本项研究的死穴。

在讨论部分的最后一段，一般撰写研究结论，同时写出该结论的理论价值或技术价值，或者是临床应用价值。

依然用《循环研究》（*circulation research*）上这篇研究论文举例，其讨论部分比较满足上述关于讨论部分写法的基本要求。

Our work reveals that, before hyperlipidemia, aging elevates IL-6 within the aorta and impairs mitochondrial function. This is accompanied by increased Parkin levels and elevated mitophagy within the aorta, which is likely due to the increased removal of dysfunctional mitochondria. Our study suggests that the age-related elevation in IL-6 and impaired mitochondrial function prime the vasculature to promote atherogenesis: aged mice with a similar degree of hyperlipidemia as young mice showed more severe atherogenesis. Hence, our study identified a pathway of vascular aging before hyperlipidemia and linked this pathway to atherogenesis.

第一段通过复述研究的主要结果，巧妙地回答了为什么衰老血管在高脂血症作用下，更容易形成严重的动脉粥样硬化。这是因为衰老动物主动脉IL-6水平升高与线粒体功能紊乱，形成了动脉粥样硬化的基础。在高脂血症作用下，更易形成严重的动脉粥样硬化，同时探明了血管老化信号转导通路中，能促动脉粥样硬化形成的信号转导通路。

Although clinical epidemiological studies have identified aging as a strong risk factor for atherosclerosis, these clinical studies fail to separate biological aging from chronic exposure to atherogenic risk factors, notably hyperlipidemia. Regrettably, currently used murine atherogenic models, for example, Apoe-/- and Ldlr-/- mice, have also failed to separate biological effects of aging from chronic hyperlipidemia, as these mice exhibit hyperlipidemia from early adulthood. A study of ancient mummies indicates that atherosclerosis occurred before the modern era, a time before many common atherogenic risk factors such as hypercholesterolemia likely were evident. In this study, the presence of atherosclerosis, documented by X-ray computed tomography scanning, was correlated with age up to the fifth decade, although vascular lesions reduced during the sixth decade of life, complicating the contribution of aging to vascular disease. Based on these studies, there is a lack of evidence directly linking biological aging to atherosclerosis. Our study has resolved this issue via our approach to induce hyperlipidemia in WT young and aged normolipidemic mice. The PCSK-9-AAV approach, combined with a WD, induced a similar degree of hyperlipidemia in both young and aged mice, and unambiguously shows that biological aging, before hyperlipidemia enhances atherogenesis.

第二段对引言中提出的科学问题，进行了扩展性描述，然后明确写出通过该项研究，解决了这一科学问题，并简要提及解决此问题的方法。

IL-6 is a pleiotropic cytokine that impacts mitochondrial function in a variety cells including reducing oxygen consumption in skeletal muscle, reducing mitochondrial membrane potential in islets,and elevating mitochondrial calcium levels in CD4+ T cells. Aging also leads to the secretion of inflammatory proteins, including IL-6, likely via cellular senescence. Impaired mitochondrial function within the aorta with aging could occur in other cell types beside VSMCs, such as endothelial cells. Importantly, recent studies have shown that cells in the aorta exhibit dynamic phenotypes, as SMCs can take on macrophage or fibroblast like phenotypes. Ultimately studies that use aged mice that permit lineage tracing of specific cell populations will be required to determine how aging impacts the cell fate decision within the aorta during atherogenesis.

由于老化主动脉有两个主要的改变——IL-6升高与线粒体功能紊乱，因此，第三段通过引用文献的方式，描述IL-6对线粒体功能的影响，以及老化血管通过可能的途径形成动脉粥样硬化。

Declining mitochondrial function may lead to the production of reactive oxygen species, which could impact the inflammatory status and metabolism of a cell. As mitochondria use oxidative phosphorylation in oxygen replete conditions for energy generation, we measured the OCR of the aorta as a marker mitochondrial function in our study. However, aging may lead to a shift to anaerobic metabolism via glycolysis. Furthermore, dysfunctional mitochondria may release their contents (eg, mtDNA) into the cytosol. Both reactive oxygen species and mitochondrial contents may synergize to activate innate immune signaling pathways, leading to further increases in IL-6, which could exacerbate mitochondrial dysfunction. Our study establishes that there is a positive feedback loop between elevated IL-6 and mitochondrial dysfunction within the aorta with aging. Other inflammatory mediators, besides IL-6, may be released during mitochondrial dysfunction and could include TNF (tumor necrosis factor) -α, IL-1β, and chemokines such as CCL-2. These mediators may also be secreted in the aged aorta during normolipidemia and could also contribute to impairing mitochondrial function. Furthermore, IL-6 exhibits atheroprotective effects although these effects were in young mice. Given the redundancy between inflammatory pathways and pleotropic function of certain cytokines, future investigation will be required to identify the key pathways that could be targeted to improve bioenergetics and vascular health with aging.

第四段紧接着描述线粒体功能紊乱对IL-6的作用，然后顺理成章地凝练出该研究的科学价值：线粒体功能紊乱与IL-6之间形成正反馈环路。为了避免读者的质疑，基于文献写明线粒体功能紊乱还能引起其他炎性因子的释放，以及IL-6在年轻动物血管中的保护作用，其目的是引出对信号转导通路的探寻。

Our study reveals that young mice, before hyperlipidemia, exhibit low IL-6 levels and preserved mitochondrial function within the aorta (Online Figure XVA). In young mice, at least 2 insults are required to elevate IL-6 and impair mitochondrial function: impaired autophagy in SMCs combined with hyperlipidemia. Our study has revealed that neither alone is sufficient to increase IL-6 or Parkin, and impair mitochondrial function within the aorta of young mice. Furthermore, in our model (Online Figure XVB), aged mice already exhibit elevated IL-6 in the aorta duringnormolipidemia and dysfunction mitochondria, which triggers mitophagy. The elevated IL-6 and dysfunctional mitochondria could operate in a positive feedback loop. Spermidine treatment at the time of hyperlipidemia in aged mice, reduced IL-6 levels, improved mitochondrial function with reduced Parkin levels within the aorta. These effects were accompanied by reduced atherogenesis. Spermidine enhances autophagy and mitophagy. However, it is possible that spermidine may be mediating its effects via multiple pathways such as inhibiting inflammatory pathways or reducing oxidative stress. Furthermore, it is possible that prolonged treatment of more than several months of spermidine in normolipidemic conditions could have beneficial effects on vascular aging. Whether other agents that increase autophagy and lifespan, such as rapamycin, which reduces atherogenesis in young Apoe-/- mice, ameliorate atherogenesis in aged mice will be investigated in future work.

第五段以年轻小鼠的实验结果表明：若要形成动脉粥样硬化，IL-6与线粒体功能紊乱是两个不可缺少的共同作用因素。而老年小鼠主动脉已具备IL-6升高与线粒体功能紊乱的基础，因此在高脂血症的作用下，形成正反馈环路。接着用减少IL-6生成的药物处理高脂血症作用下的老年动脉，具有打断正反馈环路，减少动脉粥样硬化程度的作用，反向证明可能存在正反馈环路。由于使用药物的作用并不是单一的，所以将此缺陷指出来，作为将来的研究方向之一。

A variety of immune cells and pathways, from both the innate and adaptive arms of the immune system, have been implicated in atherosclerosis pathogenesis. Additionally, aging exerts complex effects on the immune system, including dysregulated inflammation, impaired innate immunity, and declining adaptive immunity.

Aging also impacts the stem cell niche and is known to lead to myeloid skewing, which could contribute to the recently appreciated role of clonal hematopoiesis and atherosclerosis. How aging impacts specific immune cells to enhance atherosclerosis will require future investigation. Our study indicates that alterations within the vasculature, in addition to the potential effects of aging on the immune system, contribute to atherosclerosis.

第六段阐明衰老影响免疫系统，在动脉粥样硬化中的作用。

Prior work has shown that VSMCs derived from human atherosclerotic lesions from subjects in their eighth decade exhibit reduced OCR with enhanced mitophagy compared to VSMCs from disease-free arteries.It will be important in future clinical studies to determine if the findings of our study, in particular elevated IL-6 and dysregulated mitophagy, occur within the aorta during human aging before the onset of vascular diseases. There are already clinically approved agents that target IL-6 to treat rheumatological diseases, so if our findings translate to humans then it may be possible to target specific inflammatory pathways, such as IL-6, to increase mitochondrial function and mitigate the effects of vasculature aging.

第七段通过介绍他人已报道的人体标本研究结果，将其研究结果的价值引向临床应用，进一步阐明其研究的意义与发展方向。

In conclusion, our study has definitively linked biological aging to atherogenesis. Specifically, our work has revealed that aging, independent of chronic hyperlipidemia, leads to elevated IL-6 levels, impaired vascular mitochondrial function and enhanced mitophagy. These alterations within the vasculature before hyperlipidemia prime the vasculature to enhance atherogenesis during hyperlipidemia. Our study suggests that novel therapies that mitigate against the effects of vascular aging before hyperlipidemia may reduce atherogenesis and improve healthspan in the elderly.

最后一段是结论部分，按照常规的写法，将第一段的研究结果换了一种表述重复一次，并建议作为新的临床治疗方法。

该文按照惯例，在全文的三处将主要研究结果进行表述，看似重复，其实是加深读者印象，并强调出重点。

第一处：We show that before hyperlipidemia, vascular aging leads to elevated IL (interleukin) -6 levels, impaired mitochondrial function with enhanced mitophagy that exacerbates atherogenesis arising from acute hyperlipidemia.

第二处：Our work reveals that, before hyperlipidemia, aging elevates IL-6 within the aorta and impairs mitochondrial function. This is accompanied by increased Parkin levels and elevated mitophagy within the aorta, which is likely due to the increased removal of dysfunctional mitochondria. Our study suggests that the age-related elevation in IL-6 and impaired mitochondrial function prime the vasculature to promote atherogenesis: aged mice with a similar degree of hyperlipidemia as young mice showed more severe atherogenesis.

第三处：Our study has definitively linked biological aging to atherogenesis. Specifically, our work has revealed that aging, independent of chronic hyperlipidemia, leads to elevated IL-6 levels, impaired vascular mitochondrial function and enhanced mitophagy. These alterations within the vasculature before hyperlipidemia prime the vasculature to enhance atherogenesis during hyperlipidemia.

三处内容虽然一样，但写法却颇有不同，体现了作者良好的科研写作功底。

（五）致谢和（或）作者的贡献

致谢部分一般是对所资助的基金委员会表示感谢，有的期刊有专门的基金项目，这样就需对本项课题有实质性帮助而又不在作者之列的人表示感谢，如帮助对文稿进行修改与润色，或对文稿提出建设性修改建议、馈赠实验材料等。也有期刊需要写出各作者的贡献，描述时主要涉及研究的设计、实验的执行、创新性贡献、论文文稿的执笔、数据分析、研究技术或仪器维护等多个方面。如：

Author Contributions:YL designed the experiments; LZ, XW, SC, SW, ZT, GZ, HZ, XL, JX and YL conducted the experiments; LZ, XW, SC, SW, ZT and YL analyzed data; LZ, XW and YL wrote the paper; YL had primary responsibility for final content. All authors read and approved the final manuscript.

（六）图例

读者判断一篇研究论文是否值得深入研读，一名审稿人判定一篇论文是否具有发表价值，往往先看论文的题目、摘要与图表三个部分。因此，独立且能够自明的图表就显得很重要。所谓图表的自明性，就是不看论文正文的文字描述，仅看图表的图题、图注以及表题与表注，就能知道主要的研究结果。

图题与表题以能表达该图或表的研究结果为佳，短小精悍，采用完整的句子，也可以用短语。图注或表注的要素包括：分组与关键性处理信息，图中符号的含义，缩写的全称，标尺大小，数据是均值还是中位数或者其他，标准差还是标准误，样本数量n，P值。现在论文中的图均为多幅图形成的组合图，因此，要表明每组分图的内容，字数控制在300字或单词之内，最好用完整的句子描述，使用与正文内容相同的缩写、术语和计量单位。

撰写英文论文时，图题或表题用现在时态，图注或表注使用过去时态。在投稿之前，一定要认真阅读待投稿期刊指南中对图表标题和注释的具体要求，并按要求撰写或修改。

（七）参考文献

参考文献必须按照期刊对文献格式的要求进行编写，可采用专门的文献编辑软件来完成，如国际上通用的EndNote文献检索、管理与编辑软件。

（八）题目与摘要

研究论文的题目就像是皇冠上的明珠，是对该项研究中最核心研究结果的表述，或者是最具创新性的研究结果的表述，是高度凝练出的语句，所以越短小精悍越具冲击力。如本文举例的研究论文题目为：*Age-Associated Mitochondrial Dysfunction Accelerates Atherogenesis*（《老年性线粒体功能紊乱加速动脉粥样硬化》）。另外，题目最好与当前该领域的热点问题相关，是解决大热点问题的一个小分支，这样有利于吸引读者的注意力，提高文章的影响力（impact）。

在拟定题目时，切忌使用过大过泛的写法，如"血管老化对动脉粥样硬化的影响"，或者"血管老化加速动脉粥样硬化的信号转导通路"等。这种题目不确切，具体是什么作用，没有直接写明。具体的信号转导通路是什么，涉及什么关键性信号转导分子，没有写出，让读者去猜，从而完全丧失对读者的吸引力。愿意读文章的人少，引用文章的人则更少，文章就没有了影响力。

摘要包含科学问题、目的、主要方法、结果与结论，貌似简单，其实是最难写好的一部分。有些期刊有专门的格式要求，如《循环研究》（*Circulation research*）。写好摘要的关键是需要高度凝练，将自己的研究结果融会贯通后，再表述出来。

举例，仍用前面的研究论文作为例子。

RATIONALE:Aging is one of the strongest risk factors for atherosclerosis. Yet whether aging increases the risk of atherosclerosis independently of chronic hyperlipidemia is not known.

OBJECTIVE:To determine if vascular aging before the induction of hyperlipidemia enhances atherogenesis.

METHODS AND RESULTS:We analyzed the aortas of young and aged normolipidemic wild type, disease-free mice and found that aging led to elevated IL （interleukin）-6 levels and mitochondrial dysfunction, associated with increased mitophagy and the associated protein Parkin. In aortic tissue culture, we found evidence that with aging mitochondrial dysfunction and IL-6 exist in a positive feedback loop. We triggered acute hyperlipidemia in aged and young mice by inducing liver-specific degradation of the LDL （low-density lipoprotein） receptor combined with a 10-week western diet and found that atherogenesis was enhanced in aged wild-type mice. Hyperlipidemia further reduced mitochondrial function and increased the levels of Parkin in the aortas of aged mice but not young mice. Genetic disruption of autophagy in smooth muscle cells of young mice exposed to hyperlipidemia led to increased aortic Parkin and IL-6 levels, impaired mitochondrial function, and enhanced atherogenesis. Importantly, enhancing mitophagy in aged, hyperlipidemic mice via oral administration of spermidine prevented the increase in aortic IL-6 and Parkin, attenuated mitochondrial dysfunction, and reduced atherogenesis.

CONCLUSIONS:Before hyperlipidemia, aging elevates IL-6 and impairs mitochondrial function within the aorta, associated with enhanced mitophagy and increased Parkin levels. These age-associated changes prime the vasculature to exacerbate atherogenesis upon acute hyperlipidemia. Our work implies that novel therapeutics aimed at improving vascular mitochondrial bioenergetics or reducing inflammation before hyperlipidemia may reduce age-related atherosclerosis.

Rationale是指理由与逻辑依据，也就是开展本项研究的理由，即科学问题是什么。虽然其他期刊表面上并没有这项要求，其实一定暗含着这项要求。所以在写摘要时，最好按此格式写。写好了这一项内容，自然引出研究的目的（objective）。

研究技术与方法不是摘要中的重点内容，一般不用独立或专门列出，除非是创新性方法的研究。主要描述依据关键技术或方法所获得的研究结果，如上面摘要中有一句"We triggered acute hyperlipidemia in aged and young mice by inducing liver-specific degradation of the LDL（low-density lipoprotein）receptor combined with a 10-week western diet and found that atherogenesis was enhanced in aged wild-type mice."描写方法的目的是介绍如何引起急性高脂血症，这是一项较为特殊的方法，所以需要写明，获得老年野生型小鼠动脉粥样硬化增强的结果。

在描写研究结果时，因字数的限制，应将研究结果进行必要的归纳，总结出不同研究层次或不同观测角度的几个主要结果。如这篇范例中，作者将研究结果按照整体、细胞两个层次，以及正反两个方面的观测角度，总结出四条研究结果。

结论其实是对研究的主要发现进行的第四次重复描写，写作时在语句方面没有重复，只是对内容进行重复，关键是要写明该项研究潜在的临床应用价值。

综上所述，初次开始撰写研究论文之前，应借鉴以上对一篇范文进行分析的方法，自己再找两至三篇较高质量专业期刊上的研究论文作为范例，进行几次剖析，领悟其中的内在逻辑，然后动手写作。

二、在框架内跳舞——研究内容的价值升华

掌握了研究论文的写作格式与要求，接下来就是要在这项严苛的限制框架内跳出自己精彩的舞蹈。然而，舞蹈的精彩程度取决于能否将原始数据进行归纳总结，并对研究结果进行价值升华。所谓研究结果的价值升华，就是要揭示隐藏于实验数据背后的真理或者规律，使之成为理论，或者指出其应用的前景。其实这是基于研究结果进行一次思想升华的过程。正是由于有许许多多思想升华的溪流，最后才能汇集成科学创新的长河。

那么，面对大量的实验数据，如何进行思想升华呢？有没有什么诀窍？对于这些问题，很难给出确切的回答。但是，我们可以从孟德尔种植八年豌豆的典型事例中得到启发。

奥地利的神父孟德尔被誉为"现代遗传学之父"，主要是因为他发现了遗传学三大基本规律中的两个，分别为分离规律及自由组合规律，这两个规律又被称为"孟德尔遗传定律"。这两大规律的发现源自于他对豌豆进行的长达八年的观察研究。

孟德尔为了选育优良品种，用豌豆来进行实验。这是因为豌豆是严格的闭花自花授粉植物，在花开之前即完成授粉过程，避免了外来花粉的干扰。并且豌豆具有一些稳定的、容易区分的性状，可获得可靠的实验结果。

孟德尔用纯种的高茎豌豆与矮茎豌豆作亲本，在它们的不同植株间进行异花传粉。结果发现，无论是以高茎作母本，矮茎作父本，还是以高茎作父本，矮茎作母本（即无论是正交还是反交），它们杂交得到的第一代

植株（简称"子一代"，以F1表示）都表现为高茎。也就是说，就这一对相对性状而言，F1植株的性状只能表现出双亲中的一个亲本的性状——高茎，而另一亲本的性状——矮茎，则在F1中完全没有得到表现。

又采用纯种的红花豌豆和白花豌豆进行杂交试验时，无论是正交还是反交，F1植株全都是红花豌豆。正因为如此，孟德尔就把在这一对性状中，F1能够表现出来的性状，如高茎、红花，叫做显性性状，而把F1未能表现出来的性状，如矮茎、白花，叫作隐性性状。孟德尔在豌豆的其他五对相对性状的杂交试验中，都得到了同样的试验结果，即都有易于区别的显性性状和隐性性状。那么，隐性性状还存在吗？丢失了吗？为了回答这一问题，孟德尔将F1高茎豌豆自花授粉，然后把所结出的F2豌豆种子于次年再播种下去，得到杂种F2的豌豆植株。结果出现了两种类型：一种是高茎的豌豆（显性性状），一种是矮茎的豌豆（隐性性状），这表明隐性性状并没有丢失，在隔代中又显现出来。不仅如此，孟德尔还从F2的高、矮茎豌豆的数字统计中发现：在1064株豌豆中，高茎的有787株，矮茎的有277株，两者数目之比，近似于3∶1。又以F1红花豌豆进行相同的实验，得到相同的结果，并且在929株豌豆中，红花豌豆有705株，白花豌豆有224株，二者之比同样接近于3∶1。对其他5对形状做相同的杂交试验，其结果也都是如此。

豌豆7对性状的杂交试验结果总结出三个具有规律的现象：

1.F1的全部植株，都只表现某一亲本的显性性状，而另一亲本的性状则未表现，成为隐性性状。

2.在F2里，杂交亲本的显性性状和隐性性状又都表现出来，呈现性状分离现象。由此可见，隐性性状在F1里并没有消失，只是暂时被遮盖。

3.在F2的群体中，具有显性性状的植株数与具有隐性性状的植株数，呈现出一定的分离比，其比值近似于3∶1。

到此为止，无论是工作量还是研究结果都足以发表一篇研究论文。对于追求论文数量的研究者而言，应该有一篇发表论文的回馈了。但是，如果就此止步，则多了一篇现象观察的论文，少了一位遗传学奠基人。

孟德尔没有就此罢手，而是想方设法对这三条规律作出合理的解释。他用D代表决定高茎豌豆的显性因子，用d代表矮茎豌豆的隐性因子。在纯种高茎豌豆的体细胞内含有一对决定高茎性状的显性因子DD，在纯种矮茎豌豆的体细胞内含有一对决定矮茎性状的隐性因子dd。杂交产生的F1的体细胞中，父本与母本各贡献一半的因子，故形成四组Dd。由于D（高茎）对d（矮茎）是显性，故F1植株全部为高茎豌豆。当F1进行自交时，其成对的因子D和d又彼此分离，最终产生三种组合：DD、Dd和dd，它们之间的比接近于1∶2∶1，而在性状表现上则接近于3（高）∶1（矮）。这样对豌豆杂交试验所得结果进行了科学的、圆满的解释。在此基础上，经过凝练与思想升华，孟德尔提出遗传因子假说，即D与d均为遗传因子。并提出下列理论性观点：

1.生物性状的遗传由遗传因子（后来称为基因）决定。

2.遗传因子在体细胞内成对存在，其中一个成员来自父本，另一个成员来自母本，二者分别由精卵细胞带入。在形成配子时，成对的遗传因子又彼此分离，并且各自进入到一个配子中。这样，在每一个配子中，就只含有成对遗传因子中的一个成员，这个成员也许来自父本，也许来自母本。

3.在杂种F1的体细胞中，两个遗传因子的成员不同，它们之间是处在各自独立、互不干涉的状态之中，但二者对性状发育所起的作用却表现出明显的差异，即一方对另一方起了决定性的作用，因而有显性遗传因子和隐性遗传因子之分，随之而来的也就有了显性性状与隐性性状之分。

孟德尔的遗传因子假说成功地解释了分离现象。但是，假说毕竟只是假说，不能用来代替真理，要使这个假说上升为科学真理，还必须进行深入的验证。首先，孟德尔设计了一种测交法开展验证工作。

他让杂种子一代F1（Dd）与子二代F2中的隐性类型（dd）相交，用来测定其子代的基因型。按照孟德尔对分离现象的解释，杂种子一代F1（Dd）一定会产生带有遗传因子D和d的两种配子，并且两者的数目相等；而隐性类型（dd）只能产生一种带有隐性遗传因子d的配子，这种配子不会遮盖F1中遗传因子的作用。所以，测交产生的后代应当一半是高茎（Dd）

的，一半是矮茎（dd）的，即两种性状之比为1：1。

孟德尔用子一代高茎豌豆（Dd）与子二代中的矮茎豌豆（dd）相交，得到的后代共64株，其中高茎的30株，矮茎的34株，即性状分离比接近1：1，实验结果符合预先设想。对其他几对相对性状的测交试验，也无一例外地得到了近似于1：1的分离比。

孟德尔的测交结果，雄辩地证明了他自己提出的遗传因子分离假说是正确的。然而，这种分离现象仅仅存在于豌豆中，还是存在于植物的普遍现象呢？因此，除了豌豆以外，孟德尔还对其他植物作了大量的类似研究，其中包括玉米、紫罗兰和紫茉莉等，证明他发现的分离现象对大多数植物都是适用的。后来其他科学工作者通过大量研究，证明分离现象是生物界的普遍规律，并奠定了现代遗传的基石——基因。

从现象中总结出规律，经过思想的第一次升华，用假说解释规律。再通过大量研究证实假说为普遍规律，达到揭示自然规律或真理的目的，实现思想的第二次升华，从而跳出优美的科学"华尔兹"。

写到最后，我不禁想到毛泽东主席写的一首格律诗——《七律·长征》：

红军不怕远征难，万水千山只等闲。五岭逶迤腾细浪，乌蒙磅礴走泥丸。

金沙水拍云崖暖，大渡桥横铁索寒。更喜岷山千里雪，三军过后尽开颜。

这首七律不仅在声韵上严格遵守限制，而且还对仗工整，如"云崖暖"对"铁索寒"，"五岭逶迤腾细浪"对"乌蒙磅礴走泥丸"等，整首诗虽然严格遵照格律诗的写法，受到声韵，对仗等多方面的要求，但还是展现出大气磅礴的气势。为什么会这样呢？关键是思想的张力在发挥作用。

第八讲　学术报告

生动地讲述科学故事

　　科学研究成果的主要展示方式是发表研究论文和研究报告。除此之外，为了展示学术成果，在专业学术会议上进行学术报告，也是必不可少的。学术会议需要展示自己的研究工作，在科研活动的多个环节，也需要通过报告的形式讲解自己的研究工作。特别是研究生培养过程中，学术报告涉及研究活动的各个环节。所以，做好学术报告，亦是一名科技工作者的基本能力。学术报告因其讲述的侧重点不同，有多种形式，以下对学术报告的准备阶段及一些常用的学术报告类型的特点进行简要介绍。

一、学术报告的准备阶段

　　在学术报告的准备阶段，应做好四备：即备对象、备内容、备幻灯片与备讲稿。做好这四方面的准备工作，是做好学术报告的前提。

　　所谓备对象，就是对将要面对的听众有基本的了解，他们的专业知识背景如何？如果听众中有专家，他们的专业特长是什么，对什么感兴趣？若做得深入一些，可查找他们发表的文章，这对于回答提问很有帮助。如果非本专业领域的专家较多，就需要在必要的背景知识方面多讲一些，并且尽可能地避免使用缩写或者比较晦涩难懂的专业术语。总而言之，就是要分析并捕捉听众的兴趣点，对听众的"胃口"了然于心，才能准备好需要讲述的内容。

备内容，就是准备讲述的内容。备内容除需要注意下面提及的侧重点外，还要格外注意主题、主线与内在的逻辑。一次学术报告最好讲述一个主题，并有明晰的主线贯穿整个学术报告。切忌为了吸引听众，置一个时髦或看似高大上的题目，而讲述的内容与题目无关，或者比较分散。建议像写诗词一样，将整个报告大致分成"起、承、转、合"四个部分，即用引人入胜的开篇讲述背景与意义，接着是讲科学问题与解决科学问题的方案，研究过程中的坎坷与困难，最后给出明确的结果与结论。如果结果具有创新性思想，能让听众产生眼前一亮的感觉，则是较好的结尾。

备幻灯片。首先要熟练掌握PowerPoint软件的功能。在幻灯片中，首选以图片展示为主，如果有表格，最好将表格数据转换成统计图，避免使用复杂的表格，后者不仅在讲述时占用时间，且难以表述清楚。在使用图片或照片时，仅展示需要讲解的图片，不要插入一些表情包或者逗趣的图片，也就是说，不要插入与讲述无关的图片。幻灯片不得不使用文字时，不要采用满篇的文字让听众在你讲述时去阅读。一般采用精炼的文字，起到提纲挈领的作用。每行的文字数不超过14个字，一张幻灯片最多7行，居中排列比较有美感。使用横竖笔画一样粗细的字体，如微软雅黑。一级标题用36号字，二级标题用32号字，正文部分用28号字，不要小于24号字，否则难以看清。除非特别需要，文字性幻灯片最好排满，不应留太多的空白。图片和文字应动态呈现，讲到什么呈现什么，便于读者集中注意力。在每张幻灯片转换时，最好有相应的语言配合，避免突兀地转换，最好用主线穿起来，也就是说，前面的幻灯片是后面幻灯片的铺垫。另外，为了避免分散听众的注意力，幻灯片中的色彩应控制在三种之内。

备讲稿。有些重要的学术报告，需要写好讲稿，虽然不用照稿念，但要控制好讲述的时间与语言的精准性。特别是5分钟或10分钟的答辩或讲座，需要在写好讲稿的基础上，反复地演练，达到脱稿而不脱讲稿内容的程度。人平时讲话时，每分钟大约讲200字，如果用此语速或者低于此语速作学术报告，可能会因语速太慢提不起听众的兴趣，甚至让人昏昏欲睡。如果语速超过每分钟350字，则太快，让听众缺乏反应或思考的时间。适中的语速为每分钟讲260字至300字，重要的地方稍慢些。所以，在准备讲稿时，可按照适中语速确定文字数量，如5分钟的报告，准备1300字左右的讲稿。如果一张幻灯片停留大于2分钟，听众会分散注意力，故每张幻灯片较合适的停留时间是30秒左右，所以，10分钟的报告准备25张幻灯片即可，最多30张，因为幻灯片太多，切换太快，就不可能讲清楚问题，也难以给听众留下深刻印象。

二、常用的学术报告类型

1. 读书报告　在课题的准备阶段，大量查阅文献是必不可少的。阅读文献之后，要及时进行梳理与归纳，有助于提出科学假说，或者建立、改进研究方法，或者开阔眼界，或者了解本领域的前沿与进展，等等。为了提高阅读效率，在小组内进行读书报告是一个较好的方法。国外实验室比较重视这一点，经常有这样的读书报告，并称为Journal club。

依据单篇的研究论文进行讲解，相对较为简单，主要是介绍作者的研究背景、研究假说和研究结果。做读书报告时，最为关键的是要讲他人的研究对自己有何启发，以及他人的研究是否有待改进之处。

做关于研究新进展的读书报告，需要进行高度的归纳总结，对于硕士研究生是颇具挑战的。现在的研究资料繁丰，讲清楚不是件容易的事情，最难之处是读懂他人的研究背景。许多研究结果需要的背景知识多，如果缺乏必要的背景知识，很难读懂其研究结果与研究价值。对于这样的研究报告，就需要研究生与导师多讨论，请导师对知识背景和研究结果进行必要的讲解。完成这样一次读书报告，对研究生是一次较大的提升。

还有一种读书报告与综述相当，主要是培养研究生综合归纳能力。研究生阅读多篇文献后，进行必要的总结归纳，形成综述初稿，然后开展读书报告。这类型的读书报告难度较大，需要较长时间的准备。通过梳理与归纳，不仅可以做出一个较好的读书报告，而且有利于立项论证，对于撰写研究论文也具有较大的帮助。更为重要的是，使研究生对其拟开展的研究有比较全面的了解，对研究内容有较为深入的理解，对各种影响因素有充分的把握，这样在开始实验研究时，观察的目的性更强，更容易产生具有创新性的研究结果。

2.立项论证 申报各种研究课题，需要填写课题申请书。国家自然科学基金的申请书，经过多年的实践，已经很成熟，其需要填写的项目完备而规范，已成为其他各类项目申报的模板。因此，立项论证报告也应该包含国科金申报书中大部分内容。但是，对相关项目不是简单地复制，应该有侧重点。立项论证中应包括的内容有：研究意义、立论依据（国内外研究现状分析）与研究假说、研究目的、研究内容、研究方案与技术路线、可行性与创新点、研究进度、研究基础与经费预算等。

立项论证要回答评审委员三个问题：存在什么重要的、待解决的科学问题？如何解决这一科学问题及能解决这一科学问题的依据是什么？为什么由申请人来解决此问题？因此，立项论证报告重点应讲述凝练出的科学问题，解决此科学问题所提出的研究假说，提出此研究假说的立论依据，解决此科学问题的价值与意义，以及坚实的、密切相关的研究基础以确保申请人是完成该研究的最合适人选。也就是说，立项论证报告侧重点是研究意义、立论依据（国内外研究现状分析）与研究假说、研究目的、研究内容、研究方案与技术路线、可行性与创新点，以及必要的研究基础。

3.开题论证 关于开题论证的目的与作用，似乎并没有一致的看法。国外将研究生开展学位课题研究前进行的课题论证称为"the thesis proposal"，并给出了明确的定义：As we said, a thesis proposal is a summary that details an outline of your work. It identifies a problem that you're researching, clearly states all the questions that will be researched as well as describes the resources and materials you need. 据此，与前面所提的

立项论证类似，开题论证是研究生科研活动中一个重要的环节，目的是帮助研究生在导师的大课题背景下，确立自己攻读学位的研究课题分项目。

近些年，科研管理部门加强了对科学研究全过程的管理，开题论证成为开始实际研究工作之前的一个重要步骤。由课题组写出反映课题研究的全面设计和构思的开题论证报告，请专家评审组来评审、指导。专家评审组通过之后，课题组根据专家评审组的意见，将开题论证报告进一步完善，然后才能正式开始课题的实际研究。因开题论证环节涉及是否下拨项目经费，以及与立项论证的一致性，所以需要认真对待。

依据国内的定义，开题论证报告的主要内容包括讲述研究内容、方案与技术路线，以及年度进展，着重强调这些研究内容的可行性与科学性，并对研究结果进行必要的预估。当然，为了让评审专家对课题有比较全面的了解，对课题的立论依据、研究假说与研究目的，也要进行扼要的描述。由于这是在已经立项的背景下开展的论证报告，所以，研究内容与研究方案的细化是报告的重点。

有些研制设备与技术的课题，还需进行总体技术方案论证，对拟研制产品的技术性能参数提出明确的要求。对经费的预算要详细列出，且要符合相关的经费管理规定。

4. 阶段小结或中期检查　阶段小结是研究生的经常性工作之一，表面上其目的是检查与督促研究生的研究进度，而实质是帮助研究生更好地开展研究工作，避免走弯路的时间太长，最后难以回头。

我们知道，再好的研究假说与研究方案，都不是十全十美的，也不是百分之百可以实现的。因此，在研究过程中，要不断地修改、完善，甚至是完全更改，从相反的方向来做。阶段小结能让研究者经常抬头看看脚下的路，进行必要的小结与归纳，使课题做得更好。

在做阶段小结时，首先将课题的研究目的与研究的具体内容展示给听众，然后逐条进行对照，说明完成的程度与质量。阶段小结可侧重讲一定时期内的研究结果，但要表明研究内容是大目标中的一部分。阶段小结往往不需要非常正式，图表简单一些亦是容许的，只要能说明问题。

中期检查报告则要交代原来拟定的研究进度及其指标，并说明是按照进度完成，还是滞后，或是超前。中期检查报告展示的图表应达到发表论文的水平。在准备中期检查时，要注意说明经费的使用情况，这是目前中期检查的必查项目，如果结余的经费大于70%，则难以让听众信服研究工作的完成度较高。

5. 学位论文答辩或结题报告　学位论文答辩或者结题报告，都是研究活动的重要环节之一。所涉及内容与立项论证或开题论证报告基本一致，最大的差别是重点讲述获得的研究结果，并解释研究结果的科学价值，简要解释研究结果的应用前景。所以，讲述这类报告，研究假说、研究目标与研究内容均是铺垫内容，不是讲述的重点，甚至具有创新性的技术方法亦可以省略，重点是以"讲故事"的方式，有逻辑性地介绍研究结果。在讲述研究结果时，不要为了"科学性"而没完没了地讲述统计学差别，比如那组与另一组有显著性差别或非常显著性差别、样本量是多少等，而是要着重讲研究结果，如何解读或理解这些结果，这些结果的科学价值是什么，这些研究结果是否达到预定的研究目标，这些研究结果的创新性在何处等。最好有总结性框图或联络图以展示研究结果的概貌。

6. 专题讲座　专题讲座是针对某一专题开展的讲授，该专题往往是热点问题，关注的人较多。主持专题讲座的人是该领域的专家，对该专题具有较为深入的研究，掌握了大量的资料。专题讲座的目的是为不熟悉或仅有初步了解的听众推开领域前沿的大门。

专题讲座的内容忌讳泛而浅，且要避免讲成综述内容。好的专题讲座，一般围绕背景知识切入与展开，然后讲述大家公认的结果，需要剖析入微又深入浅出。对于有争议的问题，应讲述引起争议的每个侧面，且有自己的观点与分析。在层层深入的讲述中将研究进展淋漓尽致地展示。专题讲座要达到这一理想的状态，需要下足功夫，从而真正达到吃草挤奶的境界。

专题讲座大致可由三部分组成，第一部分为基础与背景知识，使听众了解该专题的基础情况；第二部分为该专题的知识结构网络，也是讲座的重点内容，必须有条理地讲述好可能涉及的每个方面的内容，当然，要依据自己的理解，重点讲述某一方面或几方面的内容，自己的见解与观点在这部分的讲述中也是重要的；第三部分为该专题的前沿进展，也是整个讲座的精华部分。

7.学术会议　现在的学术会议非常多，但是学术会议必须有选择地参加，参加学术会议的目的是了解本领域的研究进展、同行的研究现状，同时展示自己的研究成果。

做学术报告时准备幻灯片，目的是便于听众能听懂报告人所讲的内容，报告结束后能引起听众的兴趣，从而让听众提出问题开展讨论。因此，这就要求将研究结果，科学而通俗地进行介绍。研究结果的科学性，与前面提及的结题报告基本类似，关键是不能出现研究的漏洞与研究缺陷，研究的实验设计具有科学性，要符合对照、重复、随机的原则。在学术会议上，许多研究报告的主要问题是没有设立同步对照，样本量少，缺乏随机的设计，在影响因素较多的前提下，只控制了一两个因素，其他因素没有考虑或者疏忽了，造成研究结果的可靠性降低，可信度较差。

学术会议的主要听众虽然是学者，但可能并不熟悉你的领域，所以应尽可能减少缩写词与比较艰涩的专业术语的呈现。对于重要的专业术语，要进行必要的释义。讲述研究内容与结果时，应避免用书面语言，直接给出结果，重点讲研究结果的科学价值，不进行空泛的讨论或者缺乏依据的推测，更不能夸大研究结果的科学价值。

总之，学术报告依据目的不同，报告内容的侧重点大不相同，切莫只准备一套内容齐全而丰富的幻灯片，不顾报告内容的要求，也不管听众的变化，一套幻灯片用于不同形式与要求的学术交流之中。做好学术报告最为关键的是生动地讲述科学故事。

下　篇

科学研究的情感要素

哲学是对基本和普遍之问题研究的学科，是关于世界观与方法论的理论体系。简而言之，哲学是研究科学规律的科学。因此，科技工作者了解相关的内容，有助于更好地开展科学研究工作。

哲学的理论体系，流派众多，纷繁庞杂，我们即使皓首穷经，也恐难完全明了。但是，从中学教育阶段，我们就开始系统学习马克思和恩格斯唯物辩证法，建立了辩证唯物主义的世界观，即：

1. 矛盾的普遍性 世界上的一切现象都处于普遍联系和永恒运动之中，对立统一是事物普遍联系的最本质的形式和运动发展的最深刻的原因。因此，孤立地、静止地看问题的形而上学思维方法是错误的，而矛盾分析法是最重要的认识方法。

2. 实践是检验真理的唯一标准 实践是主观和客观对立统一的基础，脱离实践必然会导致主客观的背离，产生主观主义，所以必须坚持实践以保持主观和客观的一致性。在认识过程中，要用实践检验人们的认识，要善于正确地运用多种多样的科学实验和典型试验的方法。

3.多样性与统一性、共性与个性都是对立的统一　整个客观物质世界以及其中的每一个事物、现象都是多样性的统一，各自都有自身的结构，包含有不同的层次、要素，组成一个个系统；各个事物、现象、系统都有自身的个性；同时，它们之间又有着某种共性，共性存在于个性之中。多样性与统一性、共性与个性都是对立的统一。由此产生了认识中的归纳法和演绎法、分析法和综合法、由感性具体到思维抽象和由思维抽象到思维具体的方法，等等。这些不同的方法也都是对立的统一，因而不能片面地抬高其中一种方法而贬低另一种方法，而要把它们各自放在适当的地位。既要反对片面强调归纳法的经验论，又要反对片面强调演绎法的唯理论、独断论和教条主义，而应当把归纳和演绎辩证地结合起来。

4.历史方法和逻辑方法的统一　世界上每个事物、每个现象都有其自身产生、发展、灭亡的历史规律，在认识中还必须贯彻历史方法和逻辑方法的统一。

上述世界观，是指导与引领科技工作不断趋近真理的基石。例如，苏联农学家与生物学家李森科提出生物获得性遗传学说，认为只要简单地将两种作物嫁接在一起，就可以得到一种新物种，而且这种新物种的新优势可以遗传下去。他不是用实践检验理论，而是凭借政治力量反对、打压、孟德尔-摩尔根基因遗传学说，致使苏联在生物学、农学方面等多个领域遭受了毁灭性的打击，被称为"三十年浩劫"。杂交水稻之父袁隆平院士对此有深切的体会，他说早期学习并盲从李森科学说，使他在不断的失败中浪费三年时光。

要认识未知的物质世界，不仅要以正确的世界观为基石，还需有哲学的方法论指导我们去探索、去发现。方法论的理论体系也是复杂的，包含了多种方法，我们应该在了解这些方法特点的基础上，有意识地运用好与我们科学研究工作密切相关的方法论。

一、科学方法论的分类

方法论是人们认识世界和改造世界的根本原则和根本方法。具体的方法论有：对称方法（含对称逻辑思维方式、对称平衡方法）、五维空间方法、复杂系统论方法、还原论与整体论相统一的方法、公理方法、典型分析方法、规范与实证相统一方法、逻辑与历史相统一方法等。自然科学研究中采用的一般方法即科学方法论有观察法、实验法、数学方法等，并在20世纪随着自然科学的发展出现了许多新方法，如控制论方法、信息方法、系统方法等。科学方法论愈来愈显示出它在科学认识中确立各学科新的研究方向、探索新的生长点、提示科学思维的基本原理和形式的作用。

现在开展的自然科学研究，是在还原论（参见第四讲）主导下开展的研究工作，这是主流趋势。科学研究的核心其实是"猜证"，也就是说，科学假说的"猜测"成分较重，科学结论或理论的建立依赖于实验或实践中获得"证据"。前面的过程需要演绎推理，后面的过程需要归纳。因此，这两种方法论就成为自然科学研究过程中常用的方法，当然，其他的方法或多或少会涉及其中，可能我们已在不知不觉中运用了这些方法，但是，如果掌握这些常用方法的基本原则并有意识地运用这些方法，将更有助于我们开展实验研究工作。

二、演绎推理法

演绎推理就是从一般性的前提出发，通过推导即"演绎"，得出具体陈述或个别结论的过程。其特征为：

• 演绎推理是从一般推理出个别（特殊）；

• 演绎推理是以一般为前提，个别为结论，前提蕴涵结论的推理；

• 演绎推理就是前提与结论之间具有充分条件或充分必要条件联系的必然性推理。

演绎推理是逻辑学的重要组成部分，对于科技工作者保持思维的严密性与一贯性是不可替代的。演绎推理具有四种推理模式。

1. 三段论　由两个含有一个共同项的性质判断作前提，得出一个新的性质判断为结论的演绎推理。三段论是演绎推理的一般模式，包含三个部分：大前提——已知的一般原理；小前提——所研究的特殊情况；结论——根据一般原理，对特殊情况作出判断。若共同项为M，A包含在M中，大前提为M是B，小前提为A含于M，则可推论结论为A是B。

例如：细胞（M）是组成机体组织的基本单元（B），骨骼肌纤维（A）是具有收缩功能的细胞（M），所以骨骼肌纤维（A）是组成骨骼肌组织的基本单元（B）。

2. 假言推理　假言推理分为充分条件假言推理和必要条件假言推理两种。

（1）充分条件假言推理：大前提（一般）为假设前提（假言判断），由前件与后件组成，构成充分条件。小前提（个别）肯定大前提的前件，结论就肯定大前提的后件；小前提否定大前提的后件，结论就否定大前提的前件。

例如：如果细胞膜破裂，细胞将死亡。心肌细胞膜因缺氧发生破裂，它将很快死亡。因细胞死亡存在多种方式，有些死亡方式不出现细胞膜破裂，所以，反过来讲该细胞死亡，是细胞膜破裂引起的不成立，故构成充分条件。

（2）必要条件假言推理：大前提（一般）为假设前提（假言判断），由前件与后件组成，构成必要条件。小前提肯定大前提的后件，结论就要肯定大前提的前件；小前提否定大前提的前件，结论就要否定大前提的后件。

例如：如果一个肌细胞具有横纹结构，那么它是横纹肌细胞；平滑肌细胞不是横纹肌细胞，所以它缺乏横纹结构。

3. 选言推理　选言推理有两个前提，其中一个前提是选言判断，另一个前提是这个选言判断的一部分选言支（或其否定）。选言推理分为相容的选言推理和不相容的选言推理两种。

（1）相容的选言推理：大前提是两个或多个相容的选言判断，小前提否定了其中一个（或一部分）选言支，结论就要肯定剩下的一个选言支。

例如：三段论的错误，或者是前提不正确，或者是推理不符合规则；这个三段论的前提是正确的，所以这个三段论的错误是推理不符合规则。

（2）不相容的选言推理：大前提是不相容的选言判断，小前提肯定其中的一个选言支，结论则否定其它选言支；小前提否定除其中一个以外的选言支，结论则肯定剩下的那个选言支。例如下面的两个例子：

①生命，要么是真菌，要么是细菌，要么是植物，要么是动物。人类是动物，所以，人类不是真菌，人类不是细菌，人类也不是植物。

②人体的三大营养物质是糖类、脂肪、蛋白质，作为营养品的纯葡萄糖粉不含脂肪与蛋白质，所以，它只含糖类。

4.关系推理　关系推理是前提中至少有一个是关系命题的推理。

下面简单举例说明几种常用的关系推理：

（1）对称性关系推理，如1米=100厘米，所以100厘米=1米；

（2）反对称性关系推理，如a大于b，所以b小于a；

（3）传递性关系推理，如a>b，b>c，所以a>c。

在科学研究时，一旦凝练出科学问题，或者发现重要的具有应用价值的科学问题时，首先需提出合理的解决问题的可行方案或路径，也就是说形成科学假说。为解决科学问题而形成较为"正确"科学假说的过程，就是综合应用上述各种演绎推理方法的过程。例如：

在研究中我们发现萎缩骨骼肌出现胰岛素抵抗，为什么会产生这种现象呢？为回答这一问题，首先应该从大家已经探明的胰岛素抵抗机制入手。在胰岛素信号转导通路上，每一参与信号转导的蛋白分子均可调节其敏感性。当胰岛素与细胞膜外侧的胰岛素受体 α 亚基结合而改变蛋白构象，导致位于细胞内的胰岛素受体 β 亚基上酪氨酸残基发生自磷酸化，激活的酪氨酸蛋白激酶快速磷酸化胰岛素受体底物分子（IRS-1）上的多个酪氨酸残基，这些酪氨酸磷酸化位点均位于与磷脂酰肌醇3激酶（PI3K）的调节亚基p85蛋白结合的结构域内，其磷酸化促进IRS-1募集p85。PI3K的调节亚基p85对其催化亚基p110形成抑制作用，当p85与酪氨酸磷酸化的IRS-1结合后，这种抑制作用被解除，抑制作用解除的程度与p85-IRS结合的多少成正相关。解除抑制的p110发生自磷酸化，使其发挥丝/苏氨酸蛋白激酶作用，通过磷酸化下游的磷酸肌醇依赖蛋白激酶（PDK-1）分子上丝氨酸残基而使其被激活，PDK-1则可对其下游的多个蛋白进行磷酸化而激活这些丝/苏氨酸蛋白激酶：这些包括Akt、蛋白激酶C（PKCzeta）与p70S6激酶等。Akt则继续磷酸化Akt底物160 kDa蛋白（AS160）上的多个苏氨酸残基。激活的AS160与PKCzeta共同作用于葡萄糖转运体4（GLUT4），促使GLUT4囊泡向细胞膜转位与融合，增加肌纤维对葡萄糖的摄取。因此，胰岛素依赖信号转导通路可简写为IRS-PI3K-Akt-AS160-GLUT4。

这便是应用演绎推理的基本原则，从一般规律推理个别。我们观测了胰岛素信号转导通路IRS-PI3K-Akt-AS160-GLUT4上关键性限速蛋白的表达与活性，发现蛋白表达没有发生改变，IRS-PI3K-Akt-AS160通路上蛋白活性也没有改变，仅发现GLUT4囊泡向细胞膜转位减少，实验结果不支持我们的第一次推理：萎缩骨骼肌胰岛素抵抗是由于其信号转导通路上关键性蛋白表达或（和）活性改变的结果。尽管第一次推理不成立，但是，毕竟发现GLUT4囊泡向细胞膜转位减少的现象，这提示GLUT4囊泡激活后向细胞膜转位是限速环节。因此，便将关注点放在囊泡与细胞膜融合机制方面，通过查阅细胞内囊泡转运机制的文献，知道囊泡转运与细胞融合的机制为：可溶性N-乙基马来酰亚胺敏感因子附着蛋白受体（soluble N-ethylmaleimide-sensitive factor attachment protein receptors，SNAREs）家族蛋白在锚定与融合过程中发挥重要作用。SNARE家族蛋白分为靶与囊泡SNARE（t-SNARE与v-SNARE）两类，骨骼肌细胞膜上为t-SNARE，参与分子有syntaxin4与23 kDa突触小体相关蛋白（synaptosomal-associated protein of 23 kDa，SNAP23）；GLUT4囊泡上为v-SNARE，与GLUT4囊泡共定位的囊泡相关膜蛋白（vesicle-associated membrane protein，VAMP）有VAMP2、VAMP3、VAMP5与VAMP7。囊泡似河中的一艘船，GLUT4是船上运载的货物，VAMPs相当于船上锚定绳索，细胞膜是岸，t-SNARE是码头上锚定绳索的系缆桩。当船在码头靠岸，囊泡抛出绳索VAMPs，将其固定于系缆桩上，船停泊稳当，便开始卸货GLUT4。另一方面，萎缩骨骼肌肌纤维的自噬明显增强，自噬体体积小而密集，有规律地分布于肌节之中，其持续时间长达数天。自噬是骨骼肌萎缩过程中，降解肌节的收缩与骨架蛋白以及线粒体等的主要途径，要发挥降解长寿命蛋白与细胞器的作用，自噬体必须与溶酶体融合，SNAREs蛋白家族促自噬体与溶酶体融合的作用至关重要，研究表明：syntaxin7、Vti1B与syntaxin8，以及VAMP7介导自噬体与溶酶体融合。好似河中的两艘船要靠在一起，需要锚定绳索VAMP7将其绑定。这样自噬体上需要大量VAMP7来完成与溶酶体的融合，在肌纤维内VAMP7表达不能大幅增加时，可能占用GLUT4囊泡上的VAMP7，影响GLUT4囊泡与细胞膜融合的数量，最终可能降低胰岛素刺激下GLUT4囊泡的转位。这样，依据大家公认的一般性规律，我们进行第二次推理：萎缩骨骼肌纤维内自噬增强，自噬小体与GLUT4囊泡竞争使用VAMPs，导致GLUT4囊泡上VAMPs相对不足，引起GLUT4向膜转位减少，导致胰岛素抵抗。因为这一推论具有新意，故申请国家自然科学基金面上项目获得资助。最后，经大量实验观察证明，上述推理是正确的，并发表研究论文。

三、经验归纳法

通常将"从个别到一般"的推理方法、研究问题的方法叫作归纳法。通过有限的几个特例，观察其一般规律，得出结论，它是一种不完全的归纳法，也叫作经验归纳法。如：

①由 $(-1)^2=1$，$(-1)^3=-1$，$(-1)^4=1$，……

归纳出-1的奇次幂是-1，而-1的偶次幂是1

②由两位数从10到99共90个（9×10^1）

三位数从100到999共900个（9×10^2）

四位数从1000到9999共9000个（9×10^3）

……

归纳出n位数共有 $9 \times 10^{n-1}$（个）

从以上数学方面的例子，可以看出经验归纳法是获取新知识的重要手段。但是，经验归纳法是通过少数特例的试验，发现规律，猜想结论，要使规律成为普适性结论，必须进行足够次数的试验，一旦出现特例，就能推翻结论。如数学中著名的哥德巴赫猜想：任一大于2的整数都可写成三个质数之和（质数又称素数，一个大于1的自然数，除了1和它本身外，不能被其他自然数整除）。这是通过经验归纳法获得的结果，小范围试验是正确的。如何证明在无穷尽的整数中这个结果亦是正确的，则成为世界性数学难题。

在医学研究中，使用全人类作为样本是不可能的，另一方面，采用所有同类疾病人群作为样本也是不可能的，即使是多中心联合观察研究，也仅仅覆盖部分样本，所以，经验归纳法便成为医学研究常用方法。为了防止因观察样本量不足而出现错误的归纳结果，高质量的研究要求采用多角度或多层次观察，以及在尽可能控制其它涉及的影响因素的前提下，设法在改变单一因素条件下进行观察。即便如此，研究结果依然或多或少存在片面性，推广应用时需要格外谨慎。以《循环研究》（*Circulation research*）期刊发表的研究论文《缺乏CASK加速心衰》（"Loss of CASK accelerates heart failure development"）为例：研究者基于钙调蛋白激酶II（CaMKII）活性增高可引起心律失常并导致心衰的已有结果，通过查阅文献知道果蝇的神经元细胞有一种CaMKII抑制蛋白——钙调蛋白依赖性丝氨酸蛋白激酶（CASK），是CaMKII上游的抑制性调节因子，推测CASK可能在心衰发展中发挥作用。他们首先观测确定人心肌表达CASK，并与CaMKII共定位。接着构建心肌敲除CASK小鼠模型，观测小鼠生存率未受影响，心脏超声检测静息状态下心泵血功能未发生改变，但是，在主动脉缩窄的条件下，加速心衰的发生与发展。这些观测涉及了整体动物与心脏器官两个层次的观测。在心肌细胞与信号转导的关键性蛋白分子水平，阐明了CASK加速心衰的机制可能涉及：基因敲除CASK，不能使CaMKII的T305位点发生磷酸化，消除了CASK对CaMKII抑制作用，CaMKII活性升高，引起心肌细胞肌质网钙漏增加与钙储存减少，特别是在异丙肾上腺素刺激时，心肌细胞肌质网钙漏增加更明显、钙储存减少程度更大，这样就导致心律失常与心肌收缩性能降低，在主动脉缩窄条件下加速心衰的发展。虽然在整体动物、心脏器官、心肌组织、单个心肌细胞、心肌细胞肌质网以及关键性蛋白活性等多个层次进行了观测，但是，该研究结果仅能在高血压致心衰的防治中具有启示作用，不能直接推广应用到人体高血压性心衰发生发展的防治之中。首先，这个研究组观测人心衰心肌中CASK的表达未发生改变，由于引起人心衰的影响因素多，高血压致心衰患者心肌CASK的表达有待观测。其次，物种之间巨大的差异性限制了动物的观测结果直接向人体的外延。最后，调节人体心脏泵血功能的因素多且复杂，并存在冗余（代偿能力强），单一因素（CASK降低或缺失）的调控结果难以归纳为具有一般性的结论，也使经验归纳法的片面性突显出来。

在医学研究中采用经验归纳法从个别推出的一般，其中的个别是许多限定条件下的个别实例或样本，而一般也是有许多限定条件的一般结论，并不是普遍规律，更谈不上是真理。所以，在对研究结果进行外延时，要注意其局限性。例如，当看到标题为《间断禁食重构肠胃菌群降低血压》（"Restructuring the gut microbiota by intermittent fasting lowers blood pressure"）的研究论文时，可能许多人的第一反应是认为间断禁食可以降低血压，其原因是间断禁食重构肠道菌群。然而，仔细阅读论文后，不难提出许多问题。其一，该研究采用自发性高血压卒中易感大鼠模型，且未加载高盐诱导，因高血压有多种病因，自发性高血压卒中易感大鼠模型不具备广泛的代表性，所以是特定的个体研究对象，换而言之，间断禁食可降低自发性高血压卒中易感大鼠的血压，不能确定是否也能降低其他类型高血压大鼠的血压，如自发性高血压大鼠（SHR）的血压。其二，间断禁食可重构大鼠肠道菌群，是否是一般性规律，禁食为什么能重构大鼠肠道菌群，论文中未进行观测与阐明。禁食能重构人肠道菌群吗？也未给出明确的证据。其三，该研究认为禁食使肠道菌群恢复正常状态，有利于肠道的胆汁酸循环恢复正常，使循环血中胆汁酸含量恢复正常水平，胆汁酸经G蛋白偶联受体介导而降低血压。目前大家认为胆汁酸是调控糖脂代谢的重要因素，循环血胆汁酸对血压的调控作用尚未见定论。研究者采用胆汁酸G蛋白偶联受体激动剂oleanolic acid可降低血压，剂量较高，药物的其他作用是否参与降低血压并不清楚。其四，禁食可降低体重，改变机体代谢，这些对血压的影响更大。综上分析，该项研究的结果，只能局限于自发性高血压卒中易感大鼠这样一个特定个别，其相关机制也只能局限在这个特定的个别，由此归纳出的结果，不能外延到其他高血压大鼠模型，更不能联想到对人高血压的治疗。这可能是许多医学研究结果虽然令人兴奋，最终却极少能应用于临床对疾病的预防与治疗发挥作用的原因。即便如此，我们还需要依据经验归纳法，开展广泛的基础性研究，为临床上对疾病的防治拓展启发的空间。

四、其他方法的特点

1.五维空间结构的对称分析方法　传统的三维空间、时间与层次构成五维空间，五维空间结构是宇宙事物存在的基本属性，世界上的任何事物都是以五维空间结构存在的。这五维空间的结构不是静态的，而是动态的，时间、空间、层次维度不是孤立的而是相互转化的，事物就是通过这五维空间的相互转化来实现发展的。五维空间结构的对称分析方法是认识事物必备的基本方法。因此，在一些科学研究中，特别是对疾病的发生发展过程的观察中，不仅要考虑不同器官水平层次的变化，时间轴上的动态变化也很重要。蛋白组学的研究中，除关注每种蛋白的表达外，蛋白在细胞内的空间分布也是其发挥作用的重要因素。因此，应时刻注意利用五维空间方法开展医学与生物学研究，避免产生片面性的观察结果。

2.公理方法　自20世纪20年代以来，大多数科学哲学家都把自己的纲领建立在"任何自然科学的知识内容都具有确定的逻辑结构，可以用一个形式命题系统来表示"这样一个设想的基础之上。这种形式化的方法和公理化的方法，在科学的发展中有一定的积极作用，但是如果忽略有关事物的客观本质和真实内容，把对事物的研究仅仅归结为关系的方法和追溯到某种设定的公理的方法则是错误的。在科学研究中，既要重视公理的指导作用，也不能囿于公理的局限性，当研究结果不具逻辑结构时，应该反复而谨慎地进行验证，如果没有错误和误差，则可大胆地做出结论。

3.数学方法　现代自然科学的发展不仅发展了各门具体科学独有的方法论，而且孕育产生了一些只是反映世界某个侧面，但带有普遍意义的科学方法论，如数学方法。世界上一切事物都具有质和量两个方面，量又规定着质，质量互变规律是普遍的辩证规律。因此，数学及其方法应该普遍适用于任何一门科学。数学方法已日益成为包括自然科学、社会科学、思维科学等一切科学部门不可缺少的方法。但是，数学方法仅仅涉及事物的量的侧面，仅靠数学的方法不能揭示事物的一切方面，无法达到对事物全面的、完整的认识。数学方法的正确运用和数学方法本身的健康发展离不开正确的哲学方法论的指导，数学方法不能取代哲学方法论。

在医学与生物学科学研究中，定量观测是一个重要的方面，能精确地反映客观的变化，但是，有些变化难以用数据表示，如某分子的空间分布或运动轨迹，这时就应该进行定性的描述。特别是一些半定量研究，当表示半定量结果后，不能忽略定性方面的描述，否则将呈现片面性结果。

五、复杂系统论方法

过去科学研究的是以机械运动为代表的低级运动规律，而且研究对象的内部组成也相对简单。如今，复杂系统科学应用的主要领域是以生物和社会现象为代表的具有多种组成的系统。这种系统最重要的特征是它的不可分割性，即整体性。表达为一个哲学命题，就是1+1＞2。也就是说，整体大于部分之和——系统与其组成部分相比，具有各部分线性叠加之后不具备的新的属性。当单个系统的整体性构成一种等级序列的存在方式时，世界的层次性也随之显现出来。

另一方面，从相互作用的内在机制看，简单系统与复杂系统的最大区别在于前者的作用方式是线性的，后者则是非线性的。由于复杂系统内部的非线性相互作用，系统才可以在相同的外部环境条件下通过"初值敏感"的不稳定机制，实现不同的可能状态，从而使世界变得更加丰富多彩。

正是由于上述研究对象的复杂性，以及复杂事物内部和外部相互作用的新特点，复杂系统论方法应运而生。所谓复杂系统论包括（狭义的）系统论、控制论、信息论、耗散结构论、协同学、突变论以及混沌科学、分形理论等一系列新兴学科。复杂系统理论对一些传统的科学观念进行了彻底的变革，让我们重新看待周围的一切，让我们认识了系统的整体性与突变性、层次性与结构性、目的性与演化性、相干性与开放性等。复杂系统论提出的新思想和新方法，对人们的思维方式产生三方面的深刻影响。

首先，揭示简单因果还原的局限性。传统科学最核心的方法论原则之一是简单的线性因果决定论原则。但因果关系是极其复杂的，产生某些现象的各种原因分为直接原因与间接原因、主要原因与次要原因、内部原因与外部原因等等。多种因果关系是共存的，如一因多果、一果多因、多因多果等复杂局面的存在。从因果关系的这种复杂多样性来看，由结果不可能必然推出原因的存在，这意味着准确的单一还原的风险。当代系统科学在对复杂系统进行分析时，进一步具体、丰富和深化了人们对因果关系复杂性的认识，例如提炼出了"多重可实现性"的论点等，有力地揭示了简单因果还原的局限性。

其次，揭示客观世界的层级结构。过去人们所强调的还原，一般说来就是认为一个现象领域可以归结到另一个更低层或更深层的现象领域来加以理解。但是，当代复杂系统科学的研究已经充分表明，世界的层级结构是客观的。这有两个方面的含义：一是每一个层次的事物都有自己独特的性质，从而使自己作为一个独立的层次而存在。所以，尽管物质的高级运动形式是由低级形式发展而来的，但它并不能完全归结为低级形式的简单累积或线性发展，而是具有自己独特性质的新形式。二是不同的层次特别是相邻层次之间必然存在某种关系。因此，提出了上行因果和下行因果的概念：从部分到整体的因果关系是上行因果关系，从整体到部分的因果关系则是下行因果关系。高层次的整体对低层次的部分的这种控制能力、协调能力、选择能力等，是被传统科学完全忽略了的。它的发现，是复杂系统科学在理论上的重大突破之一。

最后，揭示不确定性对于世界的建设性作用。除了统计力学和量子力学，复杂系统科学中混沌现象等的发现，进一步揭示出复杂系统的突变行为的不可预测性。它使我们真正意识到，不确定性并非人类主观知识的不足，不确定性在我们身边的世界里发挥着非常重要的作用。

虽然复杂系统论带来思想与研究方法的创新，也是近十几年来的学术热点之一。但是，随着研究的日益深入，系统科学与复杂性研究也遇到一些问题。

　　首先，人们已经意识到，系统论虽然强调整体性是系统的主要特点，但它在解决具体问题的过程中，一般着眼于对模型系统各种关系的分析，即从大体上讲，它仍以分析方法为主。虽然人们考虑的因素在量上有明显的增多，但实际上还未能真正将各种因素的地位从质上区分开来。

　　其次，由于人们过分依赖各种数学处理方法，而这些数学处理方法最终大多又归结为线性方法，这样就使系统的整体性在不知不觉中偏离正轨。所以有人认为，仅仅通过分解成部分以了解整体是不充分的。一旦整体被不当分解，各部分间的相互作用和联系就丧失了。

　　由此可见，复杂系统论还需要在科学研究中，不断探索、不断完善，使之在揭示事物的本质与规律中发挥巨大作用。

第十讲

润物细无声

文学与科学精神

　　文学是一种以口语或文字作为媒介，表达客观世界和主观认识的方式和手段。诗歌、散文、小说、剧本等不同体裁，是文学的重要表现形式。文学以不同的体裁，表现内心情感，再现一定时期和一定地域的社会生活。很多优秀的文学作品讲述了人性的光芒。为了展现人性的光芒，让其具有吸引力、持久的魅力与教化力，一定要避免枯燥而凌乱的讲述，要讲述得生动有趣、有感染力，使读者或听众动情，直至拨动灵魂之弦。

　　自然科学研究与文学创作有异曲同工之妙。自然科学研究是要探索自然规律或真理，描述自然的光芒。所以，对自然科学的描述除按照约定俗成的框架撰写外，还可以是生动、有趣、有感染力的，能激发读者的好奇心与探索未知的欲望。

　　文学作品的生动性，描述的逻辑性、故事性，源于生活而高于生活。有许多值得科学写作借鉴之处。长期坚持阅读文学作品，对科技工作者具有下列四方面潜移默化的作用。

一、培育科学精神

1. 自由之思想 文学作品中，思想的自由是一个永恒的主题，历代都有经典存世。庄子在《逍遥游》中描绘了一条巨大的鱼变化为巨大的鸟："北冥有鱼，其名为鲲。鲲之大，不知其几千里也；化而为鸟，其名为鹏。鹏之背，不知其几千里也；怒而飞，其翼若垂天之云。""鹏之徙于南冥也，水击三千里，抟扶摇而上者九万里，去以六月息者也。"迄今为止，世界上并未发现这种巨大的鸟，所以，这是个怪诞故事。事物不存在，思想上完全可以想象。我们不妨认为庄子是用巨大的鲲鹏暗喻思想之自由，在科学研究中，怪诞的鲲鹏往往是创新的源泉。

无独有偶，刘勰的《文心雕龙》作为一部文学理论专著，也非常注重思想的自由，只有思想不受一切拘束，奔放、超脱、浮想联翩，才有标新立异的可能性。《文心雕龙·神思》描写思想的自由："文之思也，其神远矣。故寂然凝虑，思接千载；悄焉动容，视通万里。吟咏之间，吐纳珠玉之声；眉睫之前，卷舒风云之色，其思理之致乎？故思理为妙，神与物游。"虽然这是在写文学作品应该怎样谋篇布局，应该先在不羁的思想中想象，然后才动笔写实实在在的文字。但是，这不仅仅是对于文学创作者的提醒，也是对探索自然规律的研究者的提示。当人在思想上受到这样的熏陶，自然而然会将思想的自由放在重要的位置。

陈寅恪在纪念王国维的碑铭上，将这种熏陶的作用写得极其到位："士之读书治学，盖将以脱心志于俗谛之桎梏，真理因得以发扬。思想而不自由，毋宁死耳。"王国维先生以自沉的实际行动，证明了他的奉行。因此，"惟此独立之精神，自由之思想，历千万祀，与天壤而同久，共三光而永光。"

自然科学研究者也应有自由之思想，但是这不是胡思乱想，而是"大胆假设"，从大量材料中归纳出观点，从"多"到"一"；然后"小心求证"，开展演绎，把归纳出来的"一"，放到更多的"多"里去检验、证实。

2. 遵循自然规律　在思想自由的基础上，实际行动中，还需遵从已知的自然规律。如《逍遥游》描写鲲鹏得以腾飞凭借的力量，则是对自然规律的较好描述："且夫水之积也不厚，则其负大舟也无力。覆杯水于坳堂之上，则芥为之舟，置杯焉则胶，水浅而舟大也。风之积也不厚，则其负大翼也无力。故九万里，则风斯在下矣，而后乃今培风；……"

法布尔的《昆虫记》既是一部生物巨著，也是一部文学名著。其文字生动、叙述精彩、描写细腻、想象独特，有很强的感染力，但他更是基于科学的观察，因此法布尔被称为"描写昆虫的杰出诗人"。我们摘取法布尔对蟋蟀发声器官的一段精细描写，以体会他基于严谨的科学观察之上的精妙描述。

到四月末，蟋蟀就用优美的歌声来告诉我们它们的到来。刚开始可能是独唱，后来，就演变成了激昂的大合唱。

可能有人会问，蟋蟀是怎样演奏出如此动听的音乐的呢？让我们来看看它们的乐器吧！

其实，蟋蟀的乐器很简单，只是一张简单的弓，上面有一个钩子和一层振动膜。它的右翼鞘盖着左翼鞘，差不多全盖住了，除了后面和转折处包在体侧的一部分。两个翼鞘的构造是完全一样的，上面长着细脉，翼鞘平铺在蟋蟀的背上，旁边突然斜下成直角，紧裹着身体。你把两个翼鞘中的一个揭开，朝着亮光仔细地看，会看到翼鞘是淡红色的，除了两个相连的地方之外，前面是一个大三角形，后面是一个小的椭圆形，上面有模糊的皱纹，这两处地方就是蟋蟀的发声器。

……

假如蟋蟀想发出高一些的声音，翼鞘便会高高地抬起来，要是想发出低一些的声音，翼鞘便放低一些。小蟋蟀操作起来很自如。繁星满天的夏夜，躺在柔软的草地上，听着蟋蟀优美、动听的歌声，这种感觉真好！

3. 敢于怀疑与理性地批判 屈原的长诗《天问》以问语一连向苍天提出了172个问题，涉及了天文、文学、哲学等许多领域，表现了诗人对传统观念的大胆怀疑和追求真理的科学精神。

曰：遂古之初，谁传道之？

上下未形，何由考之？

冥昭瞢暗，谁能极之？

这些问题有些迄今无解。有人说，在科学研究中，发现问题就等于成功了一半，可见找到问题是科学研究关键所在。为了考出好成绩，只是一味地接受，扼杀了怀疑与批评的天性。少数爱质疑的学生，却会被认为是"叛逆"，遭到老师、家长与同学的误解。传统的学科教育使学生惯于被动地接受知识，缺乏质疑的精神。

而敢于怀疑与理性地批判是发现问题的"天眼"所在，所以研究生培养阶段，我们要注重培养学生质疑和发现问题的能力。科学是不断发展的开放体系，不承认终极真理；主张科学的自由探索，在真理面前一律平等，对不同意见采取宽容态度，不迷信权威；提倡怀疑、批判、不断创新进取的精神。当然，在现实中培养学生敢于怀疑与理性批判的精神，还有很长的路要走。

二、培育透过现象看本质的能力

文学作品中，小说往往是用重塑的故事，来叙述宏大的社会发展史，或是展示人性的复杂。换而言之，每部成功的小说，都有其主题，主题寓于故事之中，故事中隐含着主题。科学论著也应该学习这种写作方法，将创新性结果寄寓证据链中，并通过讲述使之充满故事性。

诗歌是文学的重要体裁之一，我国早在《诗经》中，便归纳出"赋、比、兴"的表现手法，对历代诗歌创作都有很大的影响。采用排比修辞方法即为"赋"，如《豳风·七月》：

七月流火，九月授衣。

一之日觱发，二之日栗烈。

无衣无褐，何以卒岁？

三之日于耜，四之日举趾。

同我妇子，馌彼南亩。田畯至喜。

对人或物加以形象的比喻和类比，使其特点更鲜明，这是"比"，如《卫风·硕人》描绘庄姜之美：

手如柔荑，肤如凝脂，领如蝤蛴，齿如瓠犀，螓首蛾眉，巧笑倩兮，美目盼兮。

以其他相关联的事物为发端，引起所要歌咏的内容生动性和鲜明性，增加诗歌的韵味和形象的感染力，这便是"兴"。如东汉末建安年间，庐江府小吏焦仲卿的妻子刘氏，被仲卿的母亲驱赶回娘家，她发誓不改嫁。但她娘家的人一直逼着她再嫁，她只好投水自尽。焦仲卿听到妻子的死讯后，也吊死在自家庭院的树上。当时的人为哀悼他们，便写了一首《孔雀东南飞》。其发端之句"孔雀东南飞，五里一徘徊"就运用了起兴的手法。

三种写作手法中，比、兴用得最多，诗人运用不同的表现手法以达到诗言志或构建意境的效果。如果不掌握这一规则，往往容易望文生义，对诗词表象背后的志向进行误读。如《诗经·秦风》中的《蒹葭》：

蒹葭苍苍，白露为霜。所谓伊人，在水一方。
溯洄从之，道阻且长。溯游从之，宛在水中央。

许多人可能受琼瑶小说《在水一方》故事情节的影响，认为这是一首爱情诗。为了体验诗中的场景，我查看《秦风》的采集地在现在甘肃天水某地，而在西安附近有个穆柯寨村，其西侧塬下被戏河深切出的河沟中，每到秋季，长满芦苇（即蒹葭），刚长出的芦花呈雪白色，站在高处看，白茫茫一片，蔚为壮观，激发出对大好河山的热爱之情，这样，用浩浩荡荡的蒹葭起兴，后面自然不会与爱情相关，不像用类似于鸳鸯的雎鸠起兴，后面言说的自然是爱情了。对山河的热爱，自然会产生更为宏大的志向：君临天下。因此，所谓伊人中的伊人，不是情人或爱人，而是远大的志向。这样理解对吗？确实是透过字面看到诗歌想表述的真实含义吗？电视剧《大秦帝国之崛起》主题曲的歌词可作为佐证：

> 风摧劲草，白露成霜。
>
> 如有佳人，在水一方。
>
> 渭水东去军浩荡，群雄逐鹿旌旗扬。
>
> 天下入梦来，痴情撼山河。
>
> 男儿壮怀赛柔肠，秦川自古帝王乡。

用典是诗歌常见的一种修辞手法。引经据典使诗句简洁而意境高远。如李白的诗《上李邕》：

> 大鹏一日同风起，扶摇直上九万里。假令风歇时下来，犹能簸却沧溟水。
>
> 世人见我恒殊调，闻余大言皆冷笑。宣父犹能畏后生，丈夫未可轻年少。

这首诗中的大鹏，用庄子《逍遥游》中的典故，另一典故为唐太宗贞观年间诏尊孔子为宣父。知道这些背景知识，不难读懂这首诗的含义，即不要嘲笑青年人的远大志向，作为长辈应该具有博大宽容的胸怀，可畏的后生们终将有展翅九万里之日。又如辛弃疾《水龙吟·登建康赏心亭》，这首词中包含的典故更多，如吴钩、鲈鱼、求田问舍、忧愁风雨、树犹如此等等。了解这些典故后的故事，就能读出言外之意：爱国将领无用武之地的愁苦心情。

> 楚天千里清秋，水随天去秋无际。遥岑远目，献愁供恨，玉簪螺髻。落日楼头，断鸿声里，江南游子。把吴钩看了，栏杆拍遍，无人会，登临意。
>
> 休说鲈鱼堪脍，尽西风，季鹰归未？求田问舍，怕应羞见，刘郎才气。可惜流年，忧愁风雨，树犹如此！倩何人唤取，红巾翠袖，揾英雄泪？

诗歌的这些表现手法，与科研论文的写作方法有共通之处：诗歌引经据典，科研论文引用参考文献。正是由于诗歌在繁复多样的表现手法和修辞手法中穿梭，使得读者不知不觉中具备了透过表面文字，理解背后深意的能力，即培养了阅读者透过现象看本质的能力。

三、养成用写实的笔调讲述生动故事的习惯

梭罗的《瓦尔登湖》广为流传，中文译本就有四十多种。我选用王家湘的译本，摘出一段写实性描述。该段用数字对瓦尔登湖进行了描述，有些像科学研究论文中的写法。但按照一定的顺序进行描写，先写湖的大小，再写湖周边的景物及其远近距离，最后写湖周景物的特征。

> 这是一个清澈的绿色深池，半英里长，周长一又四分之三英里，面积约六十一英亩半；松树和枥树林中一片四季长存的水源，除了云带来的雨水和蒸发之外，没有任何别的明显的注入和流出。四周的山从水面陡然耸起，高四十到八十英尺，不过在东南和东面的山则分别达到了一百和一百五十英尺，离湖只有四分之一英里和三分之一英里的距离。山上完全被森林覆盖。

接下来对湖水颜色，从多角度进行生动地描述，写出光线、周围环境、观察角度等对颜色的影响，不仅写出了湖水之美，也写出了经长期观察所得的结果。

即便从同一个角度看去，瓦尔登湖有时是蓝色，有时是绿色。它置身于地球和天空之间，共享着两者的颜色。从山顶上看，它反射出天空的颜色，但是在近处，在接近湖岸能够看见沙子的地方，水带上了微黄色，然后逐渐呈浅绿色，再加深，到湖的主体部分一律呈深绿色。在有的光线之下，即使从山顶看去，近岸处也是一片鲜绿色。有人认为这是由于青葱的草木的反射；但是挨着铁路沙坝的地方，湖水也一样鲜绿，在春天，树叶没有伸展开之前，这可能只是主导的蓝色和沙子的黄色混合后的结果。这就是湖的彩虹色泽。

在晴朗的天气下，浪大的时候，波浪的表面会以直角的角度反映出了天空的颜色，或者因为更多的光线混在一起，在一定的距离之外显得水色比天空的蓝色更深一些；而这样的时候在湖上四处眺望水上的倒影，我注意到了一种无可比拟、难以描述的浅蓝色，像扎上波纹的丝绸或闪光丝绸和剑锋的色彩，比天空本身还要湛蓝，与波浪另一面原来的深绿色交相闪现，相比之下，深绿色显得朦胧暗淡了。在我的记忆中，这是一种玻璃般的绿蓝色，就像冬季日落前西边云团之间露出的片片蓝天。

这一段利用比喻描写了波浪难以描摹的动态之美。在科研中其实是一种类比，当有些深奥的理论或技术难以描述时，采用大家熟悉的事物进行类比，是最好的表达方式之一，能发挥化难为易的较好效果。

文学描述除写实与生动性之外，许多情形下，作者用独特的眼光描述身边熟悉的环境，用神来之笔展示创新性效果。

　　我到村子里去，要经过侧面上有深槽的铁路路基，很少有什么现象能够比观察解冻的泥沙从深槽两侧流下时的形态给我更大的喜悦的了，这种现象以这么大的规模出现是很不寻常的，虽然自从发明了铁路以来，由这种合适的材料构成的、新暴露在外的铁路边坡肯定成倍地增加了。这种材料就是沙子，粗细程度不同和颜色浓淡各异的沙子，一般还夹杂着一点泥土。当春天霜冻消失，有时甚至在冬天暖和开化的日子，沙子会开始像熔岩一样顺斜坡流下，有时候冲开积雪流下，淹没了过去没有出现过沙子的地方。无数的小溪互相重叠交叉，展现出了一种混合物，它一半服从水流的规律，一半服从植物的规律。随着它的流动，它呈现出多汁的树叶或藤蔓的形态，构成了许许多多一英尺或更深的泥糊糊的花枝丛，从上俯瞰它们，很像某些地衣具有的有着深而不规则的分裂的，以及有规律地重叠的叶状体；或者你会想起珊瑚，想起豹掌，鸟爪，想起大脑或肺脏或肠子，以及各种排泄物。这确实是个奇形怪状的植物，我们在青铜制品上看到过对它形状和颜色的模仿，一种比老鼠簕，菊苣，常春藤，藤蔓，或任何植物叶子都更为古老、更为典型的建筑学上的叶饰；也许，在某种情况下，注定会使未来的地质学家感到迷惑不解。整个的深槽给了我极其深刻的印象，就好像它是一个里面的钟乳石都暴露在了阳光之下的岩洞。沙子的各种色泽极其鲜艳悦目，包含了铁的不同颜色，棕色，灰色，浅黄，以及淡红。当流动的沙子到达路基下面的排水沟时，就平摊开来形成浅滩，分别流动的小溪失去了半圆柱的形状，逐渐变得更平更阔，因为湿度更大了，就流在了一起，直到形成一片几乎是平坦的沙地，仍然具有各种美丽的色泽，但是还能够隐约看出原来的植物形状；直到最后流进了水里，它们就变成了沙洲，就像在河口处形成的沙洲一样，植物的形状就消失在了湖底的波纹中了。

　　整个铁路边坡有20到40英尺高，有的时候，在四分之一英里长的范围内，两侧都覆盖着大量的这种叶饰，或者叫沙裂，这是春季里一天的产物。这种沙叶饰的不同凡响之处在于它的出现是如此突然。当我看到一侧是死气沉沉的边坡——因为太阳先照在边坡的一面上，——而另一侧是这茂盛的枝叶，而这只是一小时创造出的成果，我所感受的震动，就仿佛是在奇特的意义上，我站在创造了世界和我的那位艺术家的实验室里，——来到他仍然工作着的地方，他在这面边坡上嬉戏，以过剩的精力，把他的新图案向四处挥洒。

梭罗在描写春天时，没有像常人一样去描写似锦的繁花，而是通过细致入微的观察，描写铁路路基边坡沙子因冰雪融化，流淌形成的树枝状图案，这应该是比迎春花还要早的报春讯息，与苏轼的"春江水暖鸭先知"具有异曲同工之妙。这是在心境非常宁静状态下产生的杰作，独具慧眼，独辟蹊径。科学论文写作，更需要呈现经细致观察而发现的独特现象，这些往往是创新的先导。

四、影响人生观与行为能力

我们或多或少都体验过优秀的文学作品对自己行为能力的影响。如王维《终南别业》中的"行到水穷处，坐看云起时"，在中学时期我就记住了这句诗词，当时对诗句之意不甚理解，后来每每遇到难事，就想起这句诗词，自己焦虑的心情顿时平静下来。有一次登山，沿河道向上走，伴水而行——行到山梁处却不见水流，心中不免惆怅，突见山谷云雾集聚，不一会儿云盖过来，开始下雨。当我用雨披接水时，惆怅之情亦随之烟消云散。突然明白，当我们登至高处，根本不用担心缺水，云是天然的水源。有了这次经历，以后再遇难事，不再急躁了，在做好努力的攀登后，便静等云起时。当心平静了，做事自然从容了，难题也就迎刃而解。

文学作品能够影响甚至改变一个人的人生观，对于从事自然科学研究的科技工作者，需要具有正确的人生观，才能正确地认识这个世界，避免走弯路，或者进入错误认知的死胡同。因此，科技工作者应该多读文学作品，从中汲取营养，也许会从中收获启发。叶嘉莹教授在其《小词大雅》书中，详细介绍了清代张惠言的五首水调歌头，这是张惠言写给他的学生杨子琰的，因为他认为杨子琰是可以与他谈理想、探讨人生观的好学生。以其中第一首为例，看看对正确人生观的建立具有何种启发作用。

　　东风无一事，妆出万重花。闲来阅遍花影，唯有月钩斜。我有江南铁笛，要倚一枝香雪，吹澈玉城霞。清影渺难即，飞絮满天涯。

　　飘然去，吾与汝，泛云槎。东皇一笑相语：芳意在谁家？难道春花开落，更是春风来去，便了却韶华？花外春来路，芳草不曾遮。

　　字面看是写春天的故事，细细品味，则充满人生哲理。春天来了，万紫千红，百花齐放，我们没有闲暇去欣赏，是因为我们在追求远大的理想。然而，理想尚未实现，春却匆匆去也。我们应该沉沦吗？应该放弃理想去漂泊江湖吗？不是呀，春天的真正本意是激发我们的理想，不要因为春光短促，我们的理想就短暂。百花虽已凋谢，然芳草飞长，并没有阻挡我们实现理想的路径！科学研究中也是如此，开始时，我们充满理想与抱负，可是，等真正进入研究阶段，会遇到许许多多意想不到的困难，科学问题难以凝练；先进的实验技术难以建立；反复地实验，难以获得理想的结果，或者数据离散度太高，不能做出统计学结果；数据量大且毫无规律，提炼不出本质性结论等。如果建立的人生观是"人活着的意义是做好一件事，有一个创新性发现而促进社会的进步"，那么，一切的艰难困苦，都是玉汝于成不可或缺的环节。

　　总之，阅读优秀文学作品之风，会潜入阅读者的心灵深处，滋润我们的心田，培育科学精神，提升透过现象看本质的能力，影响我们的行为能力，养成生动而具有严密逻辑的写作习惯，树立正确的人生观，探索出自然世界的真知！

第十一讲

天涯咫尺

旅游与行动力

旅游并不是离开自己熟悉的地方，到别人熟悉的地方去看看；也不是走马观花式地用手机拍几张照片，发到朋友圈向亲朋好友炫耀；更不是像孙悟空一样任性地刻下"某某到此一游"的短命文字。人生是一种"向往"，而旅游则是朝着"向往"奔走。安徒生曾说：旅行对我来说，是恢复青春活力的源泉。科学研究是一种折磨中的享受，其与旅游具有异曲同工之妙。所以，旅游的经验与体会，大部分可有意地、或者无意识地应用于科学研究之中。正因如此，我与大家谈谈这方面的一些体会。

一、培养敢于"迈出第一步"的勇气

在家千日好，出门一时难。许多人对外部环境心存恐惧，怕吃住不如家里舒服；怕四处行走，日夜奔波，辛苦忙碌仍是一无所获；怕面对陌生的人受到伤害，或者在住宿、吃饭、购物与乘车时被狡诈的商家欺骗；怕陌生环境存在不可预知的危险。总之，前怕狼后怕虎，缺乏走出家门的勇气。

《海上钢琴师》是意大利著名导演朱塞佩·托纳托雷的"三部曲"之

一。男主角名叫1900，是一个被人遗弃在蒸汽船上的孤儿，船上一位好心的锅炉工收养了他，然而锅炉工在男主角8岁时，因意外身亡。过人的天赋使1900无师自通成为了一名钢琴师，但宿命也令他天然地对红尘俗世深怀戒意，纵使后来遇上了一位一见钟情的少女，他思量再三，还是放弃了上岸寻找初恋情人的机会。他永远地留在了船上，即使到了最后，唯一的好朋友马克斯警告他废船将要被炸毁，他也不愿离开，于是从出生开始就没有离开过维吉尼亚号的1900最终与船一起葬身于海底。1900，这个既没有出生纪录，也没有身份证明的人，没有留下一点痕迹就在人间蒸发，就如流逝的音符，渺无踪影。

有一位禅师欲到普陀寺去朝拜，以酬夙愿。禅师所住寺院距离普陀寺有数千里之遥。一路之上，不仅要跋山涉水，还要时时提防豺狼虎豹的攻击。启程之前，徒众都劝阻禅师："路途遥遥无期，师父还是放弃这个念头吧。"禅师肃然道："老衲距普陀寺只有两步之遥，何谓遥遥无期呢？"徒众茫然不解。禅师释道："老衲先行一步，然后再行一步，也就到达了。"是啊，世上无论做什么事情，只要你先走出一步，然后再走出一步，如此循环，就会逐渐靠近心中的目标。如果你连迈出第一步的勇气都没有，还谈什么成功呢？有些人拥有征服世界的野心，但没有迈出第一步的勇气。正如歌手齐秦在歌曲《外面的世界》中所唱的——"外面的世界很精彩，外面的世界很无奈。"外面世界的精彩确实地存在，就看谁能用勇气与智慧找到。当你缺乏目标、斗志与激情时，你永远不会上路。

与旅游相比，科研上迈出第一步尤其难。有许多理由阻止你迈出第一步：缺乏课题经费的支持；没有充分的文献与技术准备；缺乏必要的实验条件；前辈或同行们提出不同的意见，甚至是反对的意见；要面对不确定性预期结果；反复被拒稿等。然而，科学创新不容许长期停留在原地，所以，我们必须下定决心，排除万难，勇敢地走出第一步。

二、制定旅游路线图

卢梭曾说，一个人抱着什么目的去游历，他在游历中，就只知道获取同他的目的有关的知识。所以应该"准备好了再出发"。出发前对于"景、衣、食、住、行"进行充分的准备，是很有必要的。首先要确立一个旅游的主题，这可能是许多人不太在意之处，没有旅游主题，到景区走马观花逛一圈，印象不会太深刻，收获也会大打折扣。例如，到南太行山去旅游，主题可确定为"现代愚公精神"，这样到了景区，关注点就完全不一样，拍摄出的照片角度也会不一样。许多人去万仙山景区，乘车到了郭亮村，主要去看山村的影视基地，到处找日本鬼子进村的拍摄场景，而完全忽略了壁立千仞的太行山绝壁以及挂壁公路。换而言之，旅游主题决定着每个人的审美情趣与审美视角，大多情况下，人们忽视这一点，专注于随大流的小美，而无视真正的大美。确定旅游主题后，便要规划一份路线图，当然，只游一个景区则可省略之。路线图一般包括一个一个的目的地，以及他们之间连接与预计停留时间，路况与里程（或乘车车次），住宿旅馆，特色饮食，景区的主要景观等。其中，景区的景点是重点准备的内容，有哪些景点（根据导游图），依据旅游主题，哪些景点是必看的，在网上看一下他人拍的照片，确定这个景点的欣赏价值所在。安全顺利地完成一次长途旅行，对每个人的总体规划能力以及实施计划的能力，都是一次较好的培养与锻炼。

在科研中，开题论证的要素包括：研究目标、研究内容、技术路线、技术与方法等，与旅游路线图中的要素具有异曲同工之妙。研究目标决定着创新性，相当于旅游的主题，极大地左右着研究中观察的角度与兴奋点，研究内容像需观看的景点，技术路线相当于各景区或各景点之间的有机衔接，而技术与方法则好比衣食住行的保障等方面。科学研究中完成一项课题，其实也是一次旅行，只不过是在科学的"景点"里的一次畅游。所以，生活旅游中的许多细节与启示，在科学研究中是值得借鉴的。

三、身临其境是"创新的源泉"

《庄子·天道》讲了一个生动的故事："世之所贵道者书也，书不过语，语有贵也。语之所贵者意也，意有所随。意之所随者，不可言传也，而世因贵言传书。世虽贵之，我犹不足贵也，为其贵非其贵也。故视而可见者，形与色也；听而可闻者，名与声也。悲夫，世人以形色名声为足以得彼之情！夫形色名声果不足以得彼之情，则知者不言，言者不知，而世岂识之哉？" 桓公读书于堂上，轮扁斫轮于堂下，释椎凿而上，问桓公曰："敢问，公之所读者，何言邪？"公曰："圣人之言也。"曰："圣人在乎？"公曰："已死矣。"曰："然则君之所读者，古人之糟粕已夫！"桓公曰："寡人读书，轮人安得议乎！有说则可，无说则死！"轮扁曰："臣也以臣之事观之。斫轮，徐则甘而不固，疾则苦而不入，不徐不疾，得之于手而应于心，口不能言，有数存乎其间。臣不能以喻臣之子，臣之子亦不能受之于臣，是以行年七十而老斫轮。古之人与其不可传也死矣，然则君之所读者，古人之糟粕已夫！"这个故事讲述了除读书之外，还应该走进实际的生活中去，同时强调了隐性知识的存在及其重要性，但这一故事有些片面，如果完全没有书本知识来传播与传承知识，则社会不会发展到今天的文明程度。

人体的感知功能，除视、听、嗅、味、触外，肢体运动经本体感觉系统感知的信息也非常重要，通过肢体运动获得的是运动性记忆，而这种记忆的特点是非常牢固、不易遗忘。但是，这种记忆需要经过反复地体验与操作才能获取，也难以用语言来精确描述。运动性记忆也是隐性知识的重要组成部分。在科研过程中，存在许多的隐性知识，只能靠不断实验与摸索才能体悟。我们往往因为畏难且懒，而不愿意去实验中摸索与体悟，因而难有发展。当今，互联网发达，在网站上放置的大量风景名胜的照片，有的为简介，有的则进行了详细的介绍。不管详细也好，简单也罢，到实地一看，难免生出一番感叹：身临其境与观看图片的感受完全不同。以这张黄山的风景照片为例（图26），照片很美，但是，它缺乏周边环境（空间）的信息；我们平视这张照片，缺乏俯视或仰视而获得的特殊感觉；更缺乏复合因素的影响，如经历长途跋涉的艰辛等，导致在观测这张照片时，除了美感，没有震撼感与身临其境的真实感。大部分情况下，照片仅呈现了某一空间环境中拍摄者认为的最精华部分，或者引起拍摄者共鸣的部分。虽然现在技术有了一定程度的发

图26　黄山

展，可用三维技术展现某一空间的立体信息，但仍然无法构建出身临其境的感觉，依然只是局部的信息。现在有了卫星图片，虽然明显优于人工绘制的地图，但仍然是平面的图片，且不符合人的视觉习惯，缺乏高度方面的直接信息。

　　好的景点，身临其境后所带来的震撼是网络照片或画册图片所不能比拟的。照片毕竟是平面的，不能展现空间与位置。我们往往俯视照片中高大山峰、建筑物与雕刻，一旦走近这些真实的场景，则会因仰视或高低对比而产生完全不同的感觉。另一方面，照片往往仅摄取了一个宏大场面的某一局部，包含了拍摄者自己的情感，难以引起观看者的共鸣。只有身临其境，置身于全景之中，才能产生自己的观感。每个观看者因文化背景等多方面的差异，因景而生的情感自然千差万别。再者，照片仅能通过视觉兴奋大脑，而身临其境时产生的肢体运动，本体觉、触觉与视觉等感觉经多通道刺激观赏者，因而留下深刻的印象。所以，旅游是感受身临其境的快乐。

　　在这里，我介绍一下"隐性知识"，一般而言，从知识能否用语言直接表达和有效转移的属性看，可将知识分为显性知识与隐性知识。隐性知识是无法用语言直接表达的，包括个人的直觉、灵感、洞察力、技能与实际的工作经验等。如学骑自行车的过程，会骑的人告诉你掌握平衡的要领，一名新手虽然将平衡技巧烂熟于心，仍然要摔跤后方能学会骑自行车。

隐性知识分为两类：技能类，包括那些非正式的，难以表达的技能、技巧、经验和诀窍等；认识类，包括洞察力、直觉、感悟、价值观、心智模式、团队的默契和组织文化等。隐性知识具有下列主要特征：

默会性——不能通过语言、文字、图表或符号明确表述，隐性知识一般很难进行明确表述与逻辑说明，它是人类非语言智力活动的成果。这是隐性知识最本质的特性。

个体性——隐性知识是存在于个人头脑中的，它的主要载体是个人，它不能通过正规的形式（例如，学校教育、大众媒体等形式）进行传递，因为隐性知识的拥有者和使用者都很难清晰表达。但是隐性知识并不是不能传递的，只不过它的传递方式特殊一些，例如通过"师传徒授"的方式进行。

非理性——显性知识是通过人们的"逻辑推理"过程获得的，因此它能够理性地进行反思，而隐性知识是通过人们的身体的感官或者直觉、领悟获得的，因此不是经过逻辑推理获得。由于隐性知识的非理性特征，所以人们不能对它进行理性地批判。

情境性——隐性知识总是与特定的情景紧密联系的，它总是依托特定情境中存在，是对特定的任务和情境的整体把握。这也是隐性知识的很重要的特征。

显性知识和隐性知识是可以相互转换的，把隐性知识表达出来成为显性知识的过程称为外化，相反，把显性知识转变为隐性知识，成为个人与团体的实际能力的过程称为内化。一方面，你的隐性知识可能只是对你自己是隐性的，对于别人、别的机构可能已经是显性知识。这就需要在前人的基础上进行学习，明白是否已经有类似的显性化知识。另一方面，将隐性知识外化也非常重要，谁能将隐性的知识最先显性化，谁就是知识创新的开拓者。譬如许多大师的创新，多年后也有不同的人表达，但只有前者是大师，因为他最早显性化。隐性知识显性化的能力，成为人与人之间能力差别的重要方面。将自己的隐性知识显性化应该成为每个科技工作者应具备的能力之一。隐性知识显性化需要需求、环境等外力的作用，外力的拉动加上个人显性化的意愿可以促进隐性知识显性化的过程。隐性知识显性化的方法包括：讨论、回答提问、需求的压力、工作分解、流程分析等。所以，情境是使隐性知识转移的有效刺激与途径。研讨会是隐性知识显性化的有效促进器。隐性知识是创新的必要条件。

就目前的科技而言，任何照片均不能替代身临其境的体验。科学研究中的观测更是如此。科研中，只看学生的实验结果是远远不够的，要想获得新的思路和创新性灵感，必须进行实际的实验观察。导师进行实验观察，其好处有：导师的实验经验相对丰富，且自信程度相对较高；导师读的文献相对较多，实验观察中目的性更强；能掌握实验中的各种细节，有利于撰写论文；导师善于从失败中学习而不是气馁，且有利于改进实验方案；导师在获取实验结果时，往往更多地与发表相联系；实际观察后，与单纯看实验结果后的想法会有所不同。所以，无论导师还是学生，都要泡实验室，否则创新只是空中楼阁。

四、阶段性停留与等待是"必选项"

在到达目的地的过程中，要忍耐漫长的等待。旅途中的等待，有时是痛苦的（如在拥挤的火车上手持站票），有时是迫不得已的。但是，不能简单而被动地等待，要在等待中思考、总结归纳，写出零星的感悟。

熟悉环境需要一定的停留时间。到一个陌生的城市旅行，刚开始往往难辨东南西北，对整个城市道路布局更是茫然。通过反复询问当地人，或者购买一张地图，自己再出去走一走，慢慢便熟悉了这陌生的环境。等到完全熟悉后，最初的新鲜感消失了，逐步了解了城市的缺陷与不足，有些人还可能心生厌恶。

心与景发生共振需要时间，等待中方能邂逅美景。大多数旅游者都有这样的感觉：即使我们站在与摄影师完全相同的位置，所看到的景象也远不及照片上美好。为什么会形成如此巨大的反差呢？因为除了山水、建筑、树木等不动的构建之外，光影、天空的云彩、季节的装束等多种因素也在不停地变换。因此，美景往往是摄影师们在等待中的机缘，是神来之笔的点化。大多数旅行者由于时间的限制，每到一个景点，均是匆匆而过，仅仅是为了满足到此一游的心理需求，所以有机缘的概率要小很多。日常生活中则具有充足的等待时间，因此，要站好角度，在脑海中勾勒出创意十足的构图，细心观察每一种细微的变化，捕获稍纵即逝的机缘，让它成为自己生活中的美景。这组《美丽中国》的邮票（图27），照片均是当地摄影师拍摄的，因为他们有足够的时间等待他们认为美的那个时刻。

图27　《美丽中国》邮票

这是我在家中拍摄的我校科技大楼，平日多见的是这张照片拍摄的场景；等到有一天，天上的云有了美妙的变化，感觉增加了一些美感；又有一天在持续的中雨后，天气晴朗，画面显得很通透，背景上能看到终南山了，看起来更加清爽；终于等到有一天暴雨过后，不仅空气通透，斜阳给建筑抹上了深浅不同的红色，天空仍有乌云，但正好衬托出一道彩虹（图28）。

在科研中的情形也差不多。购买仪器、试剂，调试仪器均需要等待。对于待探究的问题或将开展的实验，不亚于进入一座新的城池，只有多停

图28　校园一角

留一段时间，才能分辨出方位。在这座新城池里，获得一张全貌地图是非常困难的，只有靠一定时间的摸索，才能对面前的事物逐渐清晰起来。科研中需要通过预实验进行"预热"或"熟悉环境"，不断地改进实验方法与方案，然后创造最佳实验条件，获得理想数据。例如，为了测量组织中性钙蛋白酶（calpain）的活性，我们查阅文献发现有三种测量方法，一是直接测量法，二是酶谱法，三是蛋白电泳法。因为第一次测calpain活性，对这三种方法的长处与短处、灵敏度以及操作要点均不清楚。我们先尝试直接测量法，因这种方法简便，在组织匀浆中加入calpain的底物酪蛋白，温浴一定时间后，用分光光度计测量吸光度改变，便可计算出calpain的活性。但是，在测量中发现，当酪蛋白加入组织匀浆后，液体呈乳白色，无论温浴多长时间，乳白色并不改变，故采用分光光度计无法测量变化值。因此改用酶谱法进行测量，经过一个多月的摸索，基本掌握了此方法，但文章投出去，评阅人说这一方法是在钙离子浓度达最大时进行的测量，不能反映在体组织calpain真实的活性。这样，我们又采用蛋白电泳法，设法将calpain大亚基的两条条带分离开，未激活的calpain分子量为80 kDa，激活的calpain分子量为76 kDa，这样便可反映在体组织中calpain的活性了。当我们得到最终结果时，已经3个月过去了。又过了半年，研究论文终于被国际专业期刊接收发表。正是这样的"停留"，我们才得以摸清calpain活性测量方法的方方面面，获得较好的实验结果。所以，想让新手通过做一次实验便获得理想结果的想法，是不切实际的。如果导师强迫学生这样做，是得不到可信的实验结果的，就像绝大多数旅游者在景区拍摄不到美丽且具有魅力的照片一样。

五、"七十二变"是立于不败之地的法宝

在旅行途中，虽然智慧、金钱与体力是达到目标的法宝，然而，随机应变则体现智慧与能力的完美结合。欲到达某个目的地，在交通不太便利的情况下，往往要有多套备选方案。有时很难直达目的地，需要不断中转，甚至需绕远路，有时走些冤枉路也在所难免。如打算从镜泊湖到长白县城，并没有直达的长途客运车，只能分段走：镜泊湖—东京城镇—敦化市—抚松县城—松江河镇—长白县城。特别是在一些交通设施不是很完善的景点，要积极主动地探寻，甚至厚着脸皮去询问。

四渡赤水战役，是遵义会议之后，中央红军在长征途中，处于国民党几十万重兵围追堵截的险恶条件下，进行的一次决定性运动战战役。中央红军采取高度机动的运动战方针，纵横驰骋于川黔滇边境广大地区，积极寻找战机，有效地调动和歼灭敌人，彻底粉碎了蒋介石等反动派企图围歼红军于川黔滇边境的计划，红军取得了战略转移中具有决定意义的胜利。这是在当时情形下灵活机动并获得成功的典型实例，所以至今仍传唱着："四渡赤水出奇兵，毛主席用兵真如神。"

在科研中必须随机应变，但是，这种变化不是无原则的随意改变。是在不改变既定大目标的前提下，对具体技术路径、实施方案或观测条件等进行的小修整，或者进一步的细化。例如，为了观测循环血中与心肌局部血管紧张素II在肥厚心脏向心衰转化中的作用，我们建立了一侧肾动脉缩

窄的高血压模型（即两肾一夹2K1C模型）。通过大量查阅文献，2K1C模型发生心衰的时间为12周左右，所以我们设计了8周与12周观测点，实验后发现2K1C模型在12周时心肌出现明显肥厚，但却没有呈现心衰。因此，我们修改观测点至16周，仍然没有发生心衰。我们只好暂时停下来，分析比较其他指标的变化是否与文献报道相符。结果发现，文献报道动脉缩窄侧肾脏重量与对侧正常肾重量之比，应该在0.5至0.9范围内。再看我们的结果，有大约三分之一的两肾重量比小于0.5，可能是动脉过于狭窄，造成肾脏缺血坏死，这样，循环血中血管紧张素Ⅱ浓度就达不到预期水平……通过比较，我们找出了许多不曾引起注意的细节问题，并将实验方案进行了进一步的修改调整。

六、错峰出行乐陶陶

每年的国庆黄金周，在一些高速公路入口处呈现"壮观景象"，这里像一个大停车场，挤满了焦急等待出游的自驾车辆，我称之为"车潮"。某些热门景区则出现人山人海的景象，形成"人潮"。每年中秋节前后，海宁市盐官镇钱塘江入海口附近人头攒动，构成"钱塘潮"与"人潮"叠加的新景象。然而，在2012年的国庆黄金周，我开车走在从宁夏中卫至陕西靖边的定武高速公路上，车辆极少，到了陕西靖边的波浪谷，虽然免门票，但仅仅停了不到十辆车，景色很美，游人却很少。因此我有感而发，写了首打油诗：人潮车潮钱塘潮，身潮衣潮心情潮。独辟蹊径寻静路，错峰出行乐陶陶。

科研中这种"赶潮"现象一直存在，从前些年的"细胞凋亡"到"自噬"再到"PCR"接着是"micro RNA"以及"iPS"，真是一潮接着一潮。许多人跟着潮流走，虽然也发表了一些研究论文，但大多数只是对开创者研究的补充与完善，甚至是在不同角度下进行的重复，最后避免不了"浪淘尽千古风流人物"的结局。输卵管阻塞性不孕症的治疗方法有多种，包括输卵管通水、通气，宫腔内注射药物，内服药物、针灸以及外治法，COOK导丝介入技术，宫、腹腔镜技术，输卵管粘连松解术，输卵管吻合术，输卵管造口术，以及中医治疗。由于许多老百姓不懂医学知识，又迷信一些传言，便产生了许多采用祖传"秘方"治疗不孕不育的"老中医"。然而，英国剑桥大学生理学教授Robert G. Edwards却不走老路、独辟蹊径，在20世纪50年代预见体外受精是治疗不孕的较好途径，于1960年开始学习体外受精技术，与妇科医生Patrick Steptoe进行人类体外受精的研究，经过一系列的失败。在1977年，将受精两天半的受精卵置于母体子宫，胎儿成长。1978年7月25日，世界上第一例试管婴儿诞生。因创建了体外受精技术，Edwards被誉为"试管婴儿之父"，获得2010年诺贝尔医学与生理学奖。

七、唯一即神奇

沈阳北陵中一棵普通的松树，就在进大门不远处，过往的游人很多，却没有一个人驻足观看。同样是松树，由于一边有山体阻挡，故为适应环境而长成"畸形"，然而，她立于黄山之上，作为迎客松。到黄山的游人，大都在此松树下留影，方显到过黄山。同样在北陵，有一棵公认的神树，许多人为了长寿，经常来此树下接受"灵气"。这棵松树最大的不同是，在北陵中，仅此树有6根树干。有趣的是，在五大连池老黑山的火山口，生长着许多多树干的松树，有棵松树有10根树干，但是，驻足观看的游人并不多。所以，一些旅游景点依赖其景色的唯一性来吸引游客。唯一具有神奇的力量。

科研中的核心是追求唯一，而且是第一发现或创造的唯一。例如，2006年，细野秀雄（Hideo Hosono）教授团队首先发现铁基超导体，超导转变温度$Tc=4K$。2008年2月，Hideo Hosono教授团队发表$Tc=26K$的铁基超导论文。2008年2月，Hideo Hosono教授团队又发现了$Tc=43K$的铁基超导体，并发表于*Nature*。2008年3月，在美国APS March Meeting上，有人预测：铁基超导体的Tc可能达到50K左右。2008年3月25日，中国科技大学陈仙辉团队发现$Tc=43K$的铁基超导体，亦发表于*Nature*。2008年3月26日，中科院物理所王楠林团队发现$Tc=41K$的铁基超导体。2008年3月29日，中科院物理所赵忠贤团队发现$Tc=52K$的铁基超导体。而学界公认的发现者是日本的Hideo Hosono教授。再举iPS的例子，1962年英国发育生物学家约翰·戈登（John B. Gurdon），用成年青蛙肠道细胞核置换未成熟的青蛙卵细胞核，这个卵细胞发育成一只正常的蝌蚪。2006年日本京都大学山中伸弥（Shinya Yamanaka），采用Oct3/4、Sox2、c-Myc和Klf4四种转录因子引入小鼠胚胎或皮肤纤维母细胞，可使成体终末分化细胞变成具有全能性的干细胞，即iPS细胞。2007年11月，Thompson实验室以慢病毒载体引入Oct4、Sox2加Nanog和LIN28进入皮肤纤维母细胞，产生iPS细胞。2008年，哈佛大学George Daley实验室将10种不同遗传病患者病人的皮肤细胞转变为iPS细胞。2008年11月，中国科学家利用iPS细胞培育出小鼠。然而，2012年诺贝尔医学生理学奖只授予约翰·戈登与山中伸弥，后来者只是为前人发现的重要性提供了佐证。所以，科研中的唯一就是创新，这是唯一的神奇。

八、串起"珍珠项链"

英国诗人哥尔德斯密斯曾说："谁出门远游既有助于自己又有益于他人，谁就堪称哲人；然而谁只是受着好奇心的驱使而在外面一个国家一个国家地游玩，那和流浪又有何二致。"是啊，旅游并不是漫无目的地游荡，或者是打发时间的一种消遣。为了使旅游既利己又利人，旅游后的回味与升华则显得很重要。一路新境界，新境界带来新快乐与新激情。不能让一个个新境界孤立存在，要设法将他们串联成一个动人的故事。旅游是串起项链的那根金线。我们以黄河旅游为例，来看看如何穿起一串闪闪发光的珍珠项链。

黄河从源头到入海口，一路造就许多美丽的风景，那么，我们如何读懂这条母亲河呢？当我们将河流与生命相关联时，便有了将美景串起来的主题——黄河与人生。当黄河从巴颜喀拉山北麓的五个泉眼流出，形成玛曲曲果、约古宗列曲与卡日曲，在广袤的高山平原上，黄河开始了恣意地流淌，像个蹒跚学步的孩童，跌跌撞撞，踉踉跄跄……从青海进入甘南地区，黄河成为美少女，在大地上画出她优美的身段，一个接一个的弧线与弯曲；更像是少女在青草与蓝天间翩翩起舞，刻画出永久飘舞的彩带。在唐克看黄河，我不得不有此感想。受到大山的阻遏，少女并没有怨言与愤懑，而是翩然掉头向西北，仍以曼妙的舞姿前行。来到河湟地区的丹山之间，在人类一道道大坝的劝阻之下，开始哺育沿途的众生。当进入宁夏与内蒙古地区，黄河已成熟为少妇，体态丰盈。为哺育这片荒漠的沙地，她撑起了一个大大的"几"形天棚。当然，慈善的母亲也会发几次脾气，在壶口上爆发出壮美的景观。当黄河步入中年，她变得非常地温柔，顺势前行。当黄河进入暮年之时，她终于找到了归宿，携带着她一路接纳的支流，形成一个巨大的喇叭，向大海吹响了生命的最强音！黄河是条有生命的河，她时时向我们展示生命的全部过程，并默默地教诲她的子孙：生命本应该是这个样子——顺势而行、兼容并蓄、无惧无畏、奋勇向前、滋润万物，奔赴目标。这便是旅游的真正要义，是旅游的最终目标。

当我们继续刨根问底，如果黄河从发源地直奔入海，仅仅1200余公里的距离；如果没有阿尼玛卿山的阻挡，黄河从玛多到共和也仅仅200余公里。有人形象地比喻，因黄河美少女迷恋阿尼玛卿山，且行且跳着婀娜的舞蹈，绕了一个近千公里的大弯。另外还在宁夏、内蒙古、山西、陕西之间画了一个巨大的几字。为什么不走捷径？因为大山的阻挡，只能因势而行。其实，黄河如果走捷径，她不可能成为中国第二大河流，也不可能水量充沛。正是这种大弯曲，使黄河全长约5464公里，流域面积约752443平方公里。752443平方公里啊，润泽了多少土地，构造了无数美景，养育了难以计数的动、植物，哺育了中华北方大地的儿女，创造了灿烂的中华文明。正是这种弯曲，才彰显了母亲河的风范。终点只是个归宿，精彩在路上，辉煌亦在路上。人生的意义也是如此，生与死之间的距离可以很短，也可以很长，正是人生路上的坎坷不断、弯弯曲曲，才能让你展现精彩与辉煌。在漫长的路上，既要不断地接纳，更重要的是对周边的"哺育与奉献"，受众越大越有价值，越能穿越时空。真可谓是"曲成万物"！黄河，中华民族的母亲河！

科研中采集实验数据的过程和旅游何其相似！采集数据时会得到许多

不连续的结果，这些结果好像一粒粒珍珠零乱地放在盘子中，如果用一条主线串起来，则可成为一篇好文章。所以，实验后的归纳、整理与升华也是重要的环节。

九、旅游的启示

科研与旅游具有极多相似之处，总而言之都是在探索与寻找。科研探索与寻找的是自然界的"真"，而旅游探索与寻找的是自然界的"美"。在这个探索与寻找过程中，当人与自然、人与人产生联系时，则可能产生"善"。其实"善"很简单，就是相互的尊重，人与人之间真诚的尊重则会产生善言、善举与善行。人与自然之间的相互尊重往往不易做到，但藏族同胞的所作所为教诲了我们，他们敬山敬水，将之称为神山圣水，不敢有任何的毁坏。自然对人的尊重发生于无形，但是，人必须从内心深处尊重自然。

在大城市之间，可选择的交通方式有飞机、高铁、私家车等等，交通非常便捷，也很安全。由于我国大城市之间的同质化程度较高，所以在城市间旅行，因缺乏新鲜感，也就降低了美感。在科研中也有类似的现象，教科书中的知识点，特别是重要的知识点，就像一座座大城市，相互间"交通便利"，很容易掌握。虽然缺乏激动人心之处，但这些东西是必备的，是一切的基础与出发点。所以，我们必须在大城市里营造一个温馨的家，然后再不断地向远方出发。

中小城市之间，可选择的交通方式虽然有限，但交通仍然比较便利，省级与县级公路大多数修得较好。在旅行途中，这些地方往往被作为中转站或重要的连接节点。各地区为发展旅游经济，通往景区的路也修得较好。所以，到别人早已发现的景点，且已被大多数人认可的景点，也不是困难的事情。科研中开展实验研究时，那些公认的实验如同这些公众熟知的景点一样，重复它是比较容易的事情。

在一些偏远或荒芜的地区，有一些他人已发现的美景，这些景点去的人比较少，主要原因是道路为弹石路或土路，或者只有羊肠小路，或者根本就没有路。这类景点对旅游者具有较大的挑战性，需要较好的装备与充分的准备，一路上困难重重。一旦能够到达，自然是欢欣雀跃。在科研中有一些已发现的现象与理论，在重复时，也需要付出艰辛的努力。我国目前大部分科学研究工作是在做这样的事情，更为可怕的是，在做这些艰苦的重复时，并没有意识到这是在重复，得到结果后还以为是创新性成果。

地球表面上有人迹的地方，美景基本上已被发现，我相信仍然存在少数美景躲藏在深山老林或人迹罕至之处，有待人们去发现。虽然不排除偶然因素的作用，但是，偶然发现的概率越来越小，所以，这种发现需要付出极高的代价，需要专业的设备与专业的人员。比如，最近在重庆附近地下溶洞或竖井中发现的美景，是极其专业的人员在高科技装备的帮助下发现的。这些景致，普通人只能欣赏一下照片，想身临其境地观看是极难实现的，或者即使能够实现，也会产生高昂的费用。在科研之中，创新性的发现与发明属于这一类。首先，探寻的方向要正确，尽可能减小偏差；其次，研究的方法与技术要非常先进，有些技术必须是独创的；探索者受过高度的专业化训练，且有不惧困难的勇气与坚忍不拔的毅力。另外，团队的协同配合也是不可缺少的。

总之，人类文明发展到今天这样辉煌的阶段，好像地球上的美景都被我们探明。其实不然，仍有一些美景有待我们去寻找与发现。在科学研究中，这种未知的领域则更为广阔。现在已不是赶着羊群就能偶然发现美景的时代，要想在科学研究有所发明创造，必须在较好科研条件与积累的基础上，进行艰苦卓绝的努力。

我们从旅游获得的启发是：明确的目标，详细的规划，勇敢地出发，充分的停留，灵活的应变，回味中升华。无论有怎样的启发与感悟，有一点很重要，禅语曰：一念灭，咫尺天涯；一念起，天涯咫尺。

两名徒手攀岩者经过20天的艰苦攀登，每天在悬崖上吃住，双手打满了血泡，当他们登上约塞米蒂的El Capitan峰顶后，对记者说："We've got some difficult days ahead. But it really doesn't matter with me now, because I've been to the mountaintop.（当我们站在峰顶时，艰辛的来路不值一提。）"

第十二讲

自然之美

地理与审美力

地貌学（geomorphology）是研究地球表面的形态特征、成因、分布及其演变规律的学科，又称地形学。它是地理学的分支，亦是地质学的一部分，在此不作探讨。这里我们只想通过对能形成景观的地貌进行一番分析，从中获得一些开展科学研究的启发，因为地球上物质的形成所包含的规律，对于探索人体的规律，具有一定的借鉴意义。既然如此，有两本杂志不得不提：一本是美国的国家地理杂志*National Geographic Magazine*，杂志封面采用黄色边框；另一本是《中国国家地理》，杂志封面采用红色带缺口的边框。这两本杂志将科学性与科普结合得非常好，在进行科普时，又采用大量精美的照片，介绍地质与地貌特点，使读者像在读一本旅游的期刊，不知不觉中学习了地理知识。笔者从2000年开始订阅《中国国家地理》，通过阅读并对有些力所能达的地方进行实地的考察，有了一些感悟并分享于此。

一、打破定式思维理解大自然

1. 地下暗河的流向   在重庆市奉节县龙桥土家族乡有条龙桥河，其穿过龙桥进入天坑后，在一个溶洞流入暗河，上面的山为长江与清江的分水岭，因清江是长江的支流，所以人们包括地理学家一直认为龙桥暗河在地下七转八弯后，最终向东北流入长江。1995年中法联合洞穴科考队4次寻找龙桥暗河的出口都无功而返，到2004年，采用先进的技术，才探明龙桥暗河的出口在湖北恩施市板桥镇的天水洞，也就是说龙桥暗河向西南穿越分水岭，在地下弯曲行进约50km（地面直线距离约20km）后，流入清江支流云龙河。这种支流袭夺主流河流的现象令人不可思议，《中国国家地理》杂志在2014年还刊登过一篇名为《云龙河地缝：暗河创造的绝世奇观》的文章来描述这一奇景。后来，科学家们通过细致的研究，推测在三峡形成之前的远古时期，长江的水可能经龙桥河到云龙河，再流入清江，清江是长江远古时期的主河道。所以，不要以常规的思路、常规的逻辑去探索自然规律。先入为主、经验主义必然犯主观主义的错误。在对大自然进行探索时，应遵循自然去揭示自然规律，所谓遵循自然就是实事求是，不掺入主观臆断，不受各种因素干扰。

2. 在火星上行走   南侧的昆仑山、东侧的日月山、北侧的祁连山与西侧的阿尔金山，围成我国第二大内陆盆地——柴达木盆地。在柴达木盆地行走，眼前是无尽的戈壁。黄褐色的荒漠、沙漠与雅丹地貌，使行人很快产生视觉疲劳，且极易迷失方向。地理学家将此盆地比作火星地貌，并用火星的卫星图作为佐证。我曾经去柴达木盆地旅行，干燥、闷热与色彩的单调，很快使人躁动不安，觉得除了荒凉别无景色。但是，当站在南八仙的土包顶，放眼望去，令人震撼的景致，别处难得一见。此时突然明白，常人眼中的荒芜与苍凉，如果从不同的视角俯瞰，则是人间不一般的大美。

柴达木盆地虽然荒凉，但却是一个盐盆，茶卡盐湖中存储的盐可以直接食用，可供全中国人吃80年，且这个湖的盐取之不尽，仍在不断增长。

在格尔木市附近的察尔汗盐湖，湖内各种盐类资源的总储量超过600亿吨。这里还是一个油盆，冷湖与花土沟一带存储了大量石油。还有鱼卡的煤、德令哈市锡铁山的铅锌矿与石棉矿等，因此有人称柴达木盆地为聚宝盆。

二、地貌的多样性是美之根源

地球家园的表面，并不是一马平川，而是存在多种多样的地形地貌，有高、中、低山，丘陵，江河湖泊，沙漠，石林与土林，天坑与地缝，雅丹与丹霞，海洋与平原，等等。正是这种多样性，才使地球无比瑰丽，才使地球不是一个单调而寂寞的星球。再加上火山、地震、亿万年的沉积、千万年风雨的洗礼、动物与植物的装饰，使地球表面更加绚丽多彩。所以，地球上地形地貌的多样性是其本色，然而这种多样性是相互依存、相互转化的，每一种地形与地貌都具有其独特的作用。例如，地球上水的循环其实是一种对太阳能的存储机制，如果没有高山、森林与江河，这一过程则难以实现。太阳照射广袤的大海海面，使水转化为水汽蒸发，在天上遇冷空气变成云，由于气流与风的作用，云飘到纵深的内陆，在此遇到冰山时便凝结成雨降至高原地区，然后形成巨大的冰川，由此源发江河大川，水除了孕育流域内的土地外，现代人修建了许多水电站，将水能转化为电能。所以，地球地形地貌的多样性，构成了人类赖以生存的形态与生态环境。这些都是不同质事物形成的多样性，然而，也存在同质事物在外观上的多样性。如同为石英砂岩，由于其致密程度不同、砂粒大小的差别，因而形成了三种不同的地貌：丹霞地貌、砂岩峰林地貌（又称张家界地貌）与嶂石岩地貌。丹霞地貌是红色砂砾岩在内外应力作用下发育而形成的方山、奇峰、陡崖、赤壁、岩洞、巨石等特殊地貌；由石英砂岩形成的砂岩峰林地貌呈现奇峰、怪石、幽谷、溶洞等。嶂石岩地貌由易于风化的薄层砂岩和页岩形成，多形成绵延数千米的岩墙峭壁，三叠崖壁，除顶层为石灰岩外，多由红色石英岩构成，特色是丹崖、碧岭、奇峰、幽谷。简而言之，丹霞地貌是红色的、形态万千的山峰，砂岩峰林地貌以峰林为主，嶂石岩地貌则是长长的赤墙。正是地貌的多样性与奇特性，诱发我们的美感，吸引我们不畏艰辛去探寻更美的奇观。

科研中，研究对象的重要特征之一也是多样性，研究对象往往呈现多种形态，这样就需要通过细致的比较分析，透过现象看本质，发现内在的规律。例如，医学研究中常常通过构建动物的疾病模型，以模拟人类某种疾病。虽然都是哺乳动物，但对于人与模型动物之间的差异，要尽可能知晓，特别是构建慢性疾病的动物模型时，多样性往往是导致动物不可模拟的主要影响因素。这就是在动物疾病模型上已探明其机制，而治疗手段在人类相同的疾病防治中依然无效的原因之一。

三、在艰难中孕育

著名的五大连池位于黑龙江省，其看点是火山岩地貌，因老黑山与火烧山喷发时间距今最近，故火山喷发时形成的地貌保留得最好。刚到老黑山下，好像来到一片煤渣堆积场前。像海绵一样的黑色石头，大小不等，堆满地面，犹如石河一般从山上倾泻而下。这条石河由南向北向山上延伸，据考证是当年喷出的熔岩从老黑山北侧的溢出口流出，然后转向东南，沿白河继续向南流，形成10余公里长的石河。由于火山喷发时含气量较大，喷发出的熔岩遇冰雪形成外壳，内部的气体因高压发生爆炸式释放，从而在火山溢出口附近约4公里长的石河中，形成怪石嶙峋、千态百姿，如熊、如虎、如蛇、如巨蟒、如绳、如烧焦的树干等，景区将之称为翻花石海。在石河的最前端，因熔岩遇水快速冷却，形成熔岩台地，大的台地足有半个篮球场的面积。在熔岩台地的后面，则形成树干熔岩、面包熔岩、爬虫熔岩、象鼻熔岩与绳状熔岩等。当石河从高处向低处流动过程中，因较大的落差，使熔岩形成熊、虎、猴等动物的形状。在翻花石海的上游，距溢出口不远处，有大约六层玄武岩叠起的石墙，提示火山可能喷发了至少六次。由于外界气温低，容易形成外壳，下面的熔岩仍然流动，从而形成熔岩溶洞，洞中结的冰夏天也只有少量融化，故形成寒冷的水帘洞。在熔岩暗道或熔岩空洞中，有奇特的熔岩钟乳，如角锥、如棘刺、如刀刃、如薄板，贴附在洞穴的四壁。熔岩流向白河形成四个堤坝，因此呈现出五大连池式的堰塞湖。当熔岩完全阻塞湖水，熔岩气洞发生塌陷，形成较高落差时，则生成了镜泊湖壮观的吊水楼瀑布。

火烧山位于老黑山东北约4公里处，其熔岩流亦是从山的北侧流出，然后向东南流淌。因较早遇到白河河水，前缘的熔岩凝固，内部流动的熔岩因含气量大，只能向上寻找出口，故形成了许多塔型和花冠型喷气锥与喷气碟群，据专家考证有1500个之多。由于堰塞湖的形成，湖水上涨，淹没了此处的熔岩，而多孔的熔岩容易生长苔藓，因而形成一个个美丽的山水盆景。

登上火山口，其周围的山峰参差不齐，火山口呈漏斗状，可能因存在侧面的溢出口，且岩石空隙较多，火山口内存不住雨水，故没有植物生长。火山口周边是五色的小石头，很轻，能漂在水面上，名曰浮石。在火山口附近，有些直接从火山口喷出的熔岩，在空中快速旋转飞行过程中迅速冷却，形成纺锤形、椭球形、梨形、麻花形、流弹形的岩石团块，称之为火山弹。

总之，火山熔岩的喷发与黑龙江地区的冰雪环境相结合，冰与火不仅铸就了许多奇观之美，而且孕育了千里沃野。科学研究的对象，有些就在艰难中形成，因此，在探索其规律时，不应忽视其形成过程。如：人类在进化过程中，经历了漫长的缺衣少食时期，因此将饥饿的生存环境记忆于基因之中，形成所谓的"节俭基因"特征。当现代的生活越来越富裕，超食少动成为新的生活方式时，"节俭基因"表达出的各种执行蛋白，他们的功能难以适应当前的环境，故出现许多"富贵性"疾病。

四、自然是时间的产品，却没有时间的印迹

我国露出地表的石灰岩（喀斯特地貌）面积约130万平方公里，占全国总面积的13.5%，因此溶洞众多，而最著名的溶洞是贵州的织金洞，洞中的镇洞之宝为银雨树，地质学家称之为"地球之宝"。

银雨树高17米，据测算经历15万年，形成如象牙雕刻的玲珑塔。由于十多万年来，洞顶部的滴水线始终没有变迁位置，早期滴水形成一个个滴盘，水流变缓，形成柱子，当水流再增加时，又形成滴盘，多次重复此过

图29　银雨树

程，导致滴盘重叠，成为塔状石笋；当石笋长到中部，滴水缓慢流淌，对滴盘下部进行溶蚀，分割成松球状石笋；后期水流又加快，便形成瓣状石笋。因水流方向向下，大多数钟乳石石笋的流水纹是向下的，而银雨树下部与中部的方向向上，可见这个精美绝伦的银雨树来之不易，完全靠时间巧妙雕刻而成（图29）。当我们在观赏银雨树时，完全看不到时间的痕迹，介绍上讲经历15万年形成，反而觉得不可思议、难以想象。

　　在科学研究中，研究的对象人类，至少经历了5000万年的进化，其中一定包含着时间的痕迹，所以，我们在研究过程中，要时刻留意时间的作用，时间的痕迹往往是发现重要规律的重要线索之一。染色体中95%的"无用"序列，很可能是人类进化史的记忆库。

五、至美之地人迹罕至

　　王安石《游褒禅山记》中被人们常常引用的名句："而世之奇伟、瑰怪、非常之观，常在于险远，而人之所罕至焉，故非有志者不能至也。"

这是作者有感而发，历代的游人均有同感，故常常被人提及。古代的险远之地，对现代人而言则很容易到达，虽然现在交通发达，但是依然存在新的险远之地。

在高速公路、高速铁路与普通公路网十分发达的今天，西藏阿里地区依然因公路等级低，或者就没有公路，只是越野车压出的路痕，而成为现代的险远之地。最为有名的是阿里大北线，这是一条一"错"再"错"，"错"到天堂的美景之路。

真正的阿里大北线，应该是从阿里到那曲安多县的301省道，这是一条柏油路，路况较好，但是却过于偏北，将许多的湖泊甩掉。从革吉县雄巴乡右转，离开301省道，中间有一条省道、县道或乡道将这些湖串连在一起。然而，这些道路，大多数没有路基，基本上是在草地上循着前人的车轱辘印前行。有几段有路基，但是缺乏养护，路面上大坑套小坑，完全是搓板路。笔者和同伴经历了两次陷车，一次绕道，克服重重困难，终于走完了这条三天无人区的艰辛之路。最可怕的是这条路上手机没有信号，一旦在荒野陷车，只能等路过的车辆，也就是听天由命了。回到拉萨后，大家戏称商务车变成了商务坦克车，观光之旅变成了探险之旅。

路途虽充满艰险，但景色绝美。也并不像传说的：眼睛在天堂，身体在地狱。眼睛的确在天堂，身体并不在地狱，虽然路上的条件艰苦，睡板房、不能准时用餐，但是温饱还是有保障的，只是要多花些钱而已。

这条路线上有19个湖，他们的外形均不相同，就像是不同的音符。而湖水呈现截然不同的蓝色，一路走来，就像聆听一首蓝色的交响曲，使我如醉如痴。佩枯错呈现奶蓝色，在一侧湖岸的湖面上，镶上一块红棕色；拉昂错远处看是一种将军蓝，站在湖边，远处为深蓝，近处因高高的浪花，使湖水泛白；错呐错为绿蓝调混后的颜色，对岸的雪山格外地秀丽；挝那荣错很小，远处看是一条美丽的蓝丝带，湖背后的草原，在阳光的点照下，洁净而柔美；昂拉仁错的蓝只能用纯洁无瑕来形容，因为这是我第一次看到如此纯洁而纯正的蓝色；朴巴错很小，湖水洁净得成了一面镜子，将天上的云与周围的山倒映其中，所以不知道湖水真正的颜色，或许是无色的；仁青休布错可能是来得早的原因，蓝色的湖面上泛着淡淡的红光，在湖的另一侧，则是纯蓝色，对岸的雪山有多条冰川，为湖增添了仪式感。第一眼看到的扎布耶茶卡，应该是其北湖，湖面为紫红色，应该是浓缩碳酸锂的颜色，在沿南湖转的过程中，有些地方凝结出盐的湖岸，也呈紫红色。有些地方，湖水显出深沉的蓝色；有些地方映衬了周围的五彩山，便成了花湖。这里的湖水颜色是多变的，变得我缺乏合适的形容词来描述。塔若错虽大，我们只是在很远处望了一眼其美丽的"蓝丝带"。从措勤县城出来是阴天，路过蔡几错时，感觉湖水也是一种忧郁的淡蓝色。扎日南木错有几个湖心岛，岛与岛之间形成白色的水线，将奶蓝色划分成深浅不同的区域，对岸的山完全笼在云中，晕染出一种朦胧美。达则错的湖水中间为红色，两岸为蓝色，对岸的孤山被雨帘部分遮挡，幻化出仙境的感觉。恰规错湖水的蓝色层次多样，从淡蓝到深蓝，至少有十几层。此外，还有倒映的白云调和出的蓝色，以及不知什么原因，由蓝白相互渲染形成的交错花蓝色，这个湖不大，但却是这一路见过的最美的湖泊之一。走着走着，公路的远方是湖，路的右侧有湖，此景令人欣喜。下车爬上小山，右侧的湖为错鄂，左侧的湖就是西藏最大的湖色林错。错鄂中鸟岛不少，湖水呈蓝色。色林错湖天相连，湖水为绿蓝色，有些像巴松错湖水的颜色。走到湖边，水十分清澈，离岸稍远些的石头清晰可见，且变成了浅绿色。色林错有多个时期的湖岸线，我们将其称为湖畔年轮。巴木错的湖水从一侧的绿色向另一侧的蓝色过渡，深绿、浅绿、深蓝、浅蓝，恰到好处地融合在一起，美轮美奂。班戈错为盐湖，故是白色。错龙确错虽小，但与对岸的山形成多条蓝色的"飘带"。

湖太多了，真可谓是一"错"再"错"，每个湖的色彩都不尽相同，但以蓝色为主基调，每个湖在不同强度的阳光照射下，且由于观看角度的差别，都展示出独特的美。至今，我的脑海中依然回荡着这首一"错"再"错"的蓝色交响曲。

真理犹如至美，一样在相对的险远之处，难以揭示。科学研究中的"险远"，也许是研究者心理上的障碍，也许是研究设备与研究方法方面的不可企及，也许是研究方向的隐秘性，但若有执着探寻的决心，也许就能收获至美。

六、天人合一铸大美——元阳梯田的奇观

在遵循自然规律的基础上，可以适度利用自然。

在科学技术落后的古代，人类出于对自然力量不可抗拒的敬畏，设定了许多的神山圣水。现在看来，正是这种对大自然的敬畏之举，保护了许多小生态环境。藏传佛教宣扬万物有灵，对大自然应心存敬畏。但是，也要探寻大自然的规律，从而顺应并利用大自然的规律，改变局部的环境，造福于我们自身。

从元阳新县城南沙镇一路向山上盘旋，云雾缭绕，这里的雾含水分较大，感觉就是水汽，车的刮雨器要启动，否则看不清车外的情形。我们很快到达爱春村，大片梯田就在公路下面。梯田的两侧为村庄，两村间的人员来往，并不走上面的公路，而是走田埂上的近道。我们看见下面的田埂上，一家四口正在穿行田埂。站在田埂上，白雾一会儿笼罩，一会儿又飘散开了，露出湛蓝的天空。站在高处的游人发出呼喊，他们看到了彩虹。站在田埂上观看的好处是可以看到更大的水面，水中倒映出白云与蓝天，梯田变成了蓝色与白色相间的织锦，故爱春为"蓝梯田"。返回时路过爱春村，这里有许多蘑菇房，房子并不是圆形的，而是长方形，用泥坯砖砌成，屋顶覆盖着稻草，看似蘑菇。房子为两层，下层是仓库，放摩托车与杂物，上层住人，屋外修建有楼梯。这是哈尼人的住房，据说冬暖夏凉。仅就住房这点就能看出，哈尼人非常会利用自然，即顺应自然为我所用。

多依树的观景台很大，上下有四层，偌大的观景台空无一人，我们很高兴"独享"眼前的美景。这里其实是个面积较大的山坳，村庄位于突出的部位，紧邻梯田。在大约百米高的山坡上，依地形构筑了层层梯田，站在高处俯瞰，因水面反光，看上去像是层层堆放着的镜子；换个角度，看不到水面时，则变成了上山的阶梯。飘来荡去的云雾，不仅增添了美感，而且增加了动感。大雾来时，仅露出眼前的一片梯田，然后从右向左慢慢

拉开帷幕，先露出村庄，再露出台阶，接着露出种植红色浮萍的梯田。突然间，云消雾散，大片的梯田跃到眼前，前方的山也露出峥嵘。难怪这里是看日出的最佳点，如果没有云雾的笼罩，太阳正好在对面山腰上出来，染红眼前的梯田。因这里的云雾在不停地变幻，故只要机会好，就能等到美妙的日出。黄草岭观景台比多依树高，且是一个更突出的位置，故可以看到多依树村与梯田的全景。因相隔有些远，看不到梯田的水面，故梯田仅呈台阶状，云浓集在谷中，缺乏些许虚幻缥缈的感觉。

坝达是在一个大山谷的谷源处观看，山谷呈南北走向，两个观景台在东侧山腰，西侧正对着箐口梯田，远处为老县城新街镇。站在第一观景台，第一感受是壮观，1.4万亩梯田，沿两侧山坡层层叠叠地铺开来，数百层的梯田中，点缀着树丛，也镶嵌着村庄，多亏有薄薄云雾的部分遮掩，否则会让你患上密集恐惧症。一片白云聚集在山谷中，将谷底的梯田完全隐去，否则更为壮观，有人扛着长焦镜头在长椅上等云散去，风较小，不是一时半会儿能达成的愿望。第二观景台相隔大约200米，这里视野更开阔，不仅能看到山谷的全貌，而且可以俯瞰下面的梯田。阳光与云雾，正在不停地改变梯田的模样，毫无规则的线条，在山坡上洋洋洒洒地飘舞。大大小小田块中，颜色有深红、褐黄、银灰、翠绿，混杂出斑斓一片。有时候，杂乱无章也能引出美感，真是奇妙的事儿。

转到山的西南侧，便是老虎嘴梯田，这里也是一个山谷，太阳完全露出来了，山谷中的景色一览无余。站在高高的观景台上，俯瞰下面的一切，大片的线条随意地摆动，思绪随着这些线条翩翩起舞，这里是马身，那里是虎口，这边有银镜镶嵌，那边有青烟升起；一会儿，太阳进入云层，射出一束束光柱，将梯田分片依次照亮，视线跟随光线走，真是一个大舞台；四周山坡上也是密密层层的梯田，因山谷较深，这里的梯田有上千级……我沉醉于这自然美景之中，当电话铃声响起时，才发现已过去一个多小时。这段时间内，完全忘乎自我。

箐口的梯田中，种植着浮萍，使水面呈深红色，田埂边上长满草，绿边红块一层一层向下延伸。对面山坡上农舍星星点点，山脊之上，蓝天白云。好一幅绝美的油画，即便是绘画大师，也难能有如此手笔。下午五点就到了新街镇，赶往龙树坝观落日。一路迎着阳光走，心情格外舒畅，在老峰寨跟着牧归的牛儿下山，哼着小曲，闻着牛粪的香味，好不惬意。当穿过老峰寨时，太阳已泛出红光，站在田埂上，以老峰寨为背景，一幅山水田园风光跃然而出。我们加快脚步，来到龙树坝，沿小溪边的小路，爬到三棵树处，向西看，太阳正在落下，天边出现火红的云霞，梯田的水中并没有浮萍，却映出落日与红霞，突然想到王勃的"落霞与孤鹜齐飞，秋水共长天一色"。这里的水面不大，且分成若干小块，很难形成水天一色的画面，但是，却别有风情与意境：落日烧云霞红焰，田水收天地一色。

数百年来，居住在这片土地上的哈尼族、彝族与汉族人民，为了填饱肚子，利用当地云雾含水汽量大，山顶多树能聚水的环境特点，不得不改变大山的模样，修建了几万亩梯田，虽然低产，但能生存下来。艰辛地劳作仅仅换来初步的温饱，万万没有想到，竟然无意中创造了大美。上天描绘自然的手笔是无法比拟的，劳动人民顺应自然而重绘的图画，也创造出难以置信的美景。

七、聚宝盆并非美丽的神话

新疆富蕴县可可托海镇是位于阿勒泰山中的一个很平常、很偏僻的地方，在卫星地图上能看到镇子的边上有个指纹圈的图形，这就是三号矿坑。这是世界上最大的矿坑，深200米、长250米、宽240米，一圈圈纹路，是车行道。三号矿脉蕴藏着稀有金属铍、锂、钽、铌、铯等；有色金属铜、镍、铅、锌、钨、锰、铋、锡等；黑色金属铁等；非金属矿物云母、长石、石英、重晶石、蓝晶石、石灰石、煤、盐、碱等；珠宝石矿海蓝石、紫罗兰、石榴石、芙蓉石等共86种矿物（已知有用矿物有140多种），而且各种矿物呈十分规则的螺旋带状分布，分布界线非常分明。这里的铍资源量居全国首位，铯、锂、钽资源量分别居全国第五、六、九位。其矿种之多、品位之高、储量之丰富、层次之分明、开采规模之大，为国内独有、世界罕见。与世界最著名的加拿大贝尔尼克湖矿齐名，是全球地质界公认的"天然地质博物馆"。最令人惊喜的是，这是一个草帽型矿，即在矿坑四周仍有大量未被挖掘的资源。这里是大家公认的矿物聚宝盆，国家现已对其进行重点保护。

人体也是一个"聚宝盆"，虽然科技已经高度发达，但人体的许多秘密还有待我们去探索与发现。

综上所述，地理与人体同属自然，只是两个不同的分支而已，地理探索呈现的规律，可被人体研究所借鉴。地理与地质的规律，往往不可企及、令人不可思议，且并未穷尽，正是这些特征才能呈现出奇美。探索人体规律，必然是艰难的、曲折的，必须打破常规，去发掘人体未知而神奇的宝藏。

让历史告诉未来

历史与洞察力

　　在科学研究中有个重要环节，即前面所述的科学假说。当在实践中发现并凝练出科学问题后，要将以往工作经验或者他人的研究结果作为线索，提出解决科学问题的具体方法或路径，形成科学假说，这是解决科学问题的开端。决定科学假说科学性与"正确性"的重要因素，是科学假说提出者的洞察力。

　　所谓洞察力，是通过事物或问题所表征出的细节推论出其本质或规律且具有一定预见性的能力，是人潜意识范畴的能力之一。对于科技工作者，必须或多或少具备洞察力，否则很难做出创新性成果。一般而言，科技工作者以好奇心为基础，依据自己超强的观察力，获取事物细致入微而又全面准确的信息，再经过分析判断，对获得的大量信息进行甄别与剖析，去伪存真、去粗取精，找到重要的线索，发挥想象力进行推想，较为正确地预估出事物或事件的内在规律或者发展趋势，为获得本质性且具有创新性的结论奠定坚实基础。一般认为，较好地完成上述过程，已成功了一半，后续在扎实的研究验证中采集实验证据并进行归纳总结，决定着成功的另一半。所以，洞察力其实是观察力、分析判断能力与想象力的有机融合，是平常条件下看不见的必备素质，只有在凝练科学问题并提出科学假说的过程中，才能使一名科技工作者的洞察力得以充分展现。由于洞察力具有预见性，当科技工作者事先预见较好前景时，会使自己动力更足，为实现目标不懈努力。所以说，洞察力还是科技工作者的内在驱动力之一。

在缺乏实际案例或事件驱使的前提下，刻意培养洞察力是件难事。在科研实践活动中，培养提升洞察力需要漫长的过程。因此，洞察力的培养应该是科技工作者日常工作中时刻关注并"操练"的功课之一。学习历史特别是科学史，则能在潜移默化的过程中，培养自己的洞察力。

人的经历是决定其洞察力强弱的重要因素。人世间的许多事情，多是循环往复、螺旋上升的。历事多的人，往往会从事情发生之端倪，联想到曾经发生的类似事件，从而推断出可能的结果，展示出较强的洞察力。历史是对人类社会过去的事件和活动，以及对这些事件行为系统的记录、研究和诠释。人的一生很短暂，不可能经历所有的事件。读史使人明智，因此唐太宗说"以古为镜，可以知兴替"。到了近代，科学技术的发展出现不平衡现象，发达国家的科技发展史，值得发展中国家的科技工作者借鉴，以提升其对科学发展趋势的预见性，同时培养其洞察力。因此，黑格尔在《美学》中写道：历史是一堆灰烬，但灰烬深处有余温。这个"余温"是什么呢？不妨重温科学史中的几个例子，看看这些"余温"如何温暖我们的科研之旅。

一、洞察力诱发奇思妙想——大陆漂移学说

1910年的一天，32岁的德国气象学家魏格纳身体欠佳，躺在病床上。百无聊赖中，他的目光落在墙上的一幅世界地图上，他意外地发现，大西洋两岸的轮廓竟是如此契合，特别是巴西东端的直角突出部分，与非洲西岸凹入大陆的几内亚湾非常吻合。自此往南，巴西海岸每一个突出部分，恰好对应非洲西岸同样形状的海湾；相反，巴西海岸每一个海湾，在非洲

西岸就有一个突出部分与之对应。这难道是偶然的巧合？这位青年科学家的脑海里突然掠过这样一个念头：非洲大陆与南美洲大陆是不是曾经贴合在一起？也就是说，从前它们之间没有大西洋，是由于地球自转的分力使原始大陆分裂、漂移，才形成如今的海陆分布情况的？

第二年，魏格纳开始搜集资料，验证自己的设想。他首先追踪了大西洋两岸的山系和地层，结果令人振奋：北美洲纽芬兰一带的褶皱山系与欧洲北部的斯堪的纳维亚半岛的褶皱山系遥相呼应，暗示了北美洲与欧洲曾经"亲密接触"；美国阿巴拉契亚山的褶皱带，其东北端没入大西洋，延至对岸，在英国西部和中欧一带又复现；非洲西部的古老岩石分布区（大于20亿年）可以与巴西的古老岩石区相衔接，而且二者之间的岩石结构、构造也吻合；与非洲南端的开普勒山脉的地层相对应的，是南美洲阿根廷首都布宜诺斯艾利斯附近的山脉中的岩石。

魏格纳又考察了岩石中的化石。在他之前，古生物学家就已发现，在目前远隔重洋的一些大陆之间，古生物面貌有着密切的亲缘关系。例如，中龙是一种小型爬行动物，生活在远古时期的陆地淡水中，它既可以在巴西石炭纪到二叠纪形成的地层中找到，也出现在南非的石炭纪、二叠纪的同类地层中。而迄今为止，世界其它大陆上，都未曾找到过这种动物化石。淡水生活的中龙，是如何游过由咸水组成的大西洋的呢？

更有趣的是，有一种庭园蜗牛，既发现于德国和英国等地，也分布于大西洋对岸的北美洲。蜗牛素以步履缓慢著称，居然有本事跨过大西洋的千重波澜，从一岸繁衍到另一岸？当时没有人类发明的飞机和舰艇，甚至连鸟类都还没有在地球上出现，蜗牛是怎么过去的？

再来看一看植物化石——舌羊齿，这是一种古代的蕨类植物，广布于澳大利亚、印度、南美、非洲等地的晚古生代地层中，即现代版图中比较靠南方的大陆上。植物没有腿，也不会游泳，如何漂洋过海的？

通过对山系、岩石化石、动物与植物的对比分析，魏格纳确立了大陆漂移学说。这是一个透过现象看本质的典型例子，当魏格纳看到这一现象，大胆想象，然后认真求证，确立事物的本质。这个例子表明洞察力对于科学研究发现是何等的重要，科学史上有许多类似的例子，提示洞察力往往直接揭示了事物的本质，产生新的发现。

二、洞察力促进思想升华——梦中的苯环结构

1825年英国科学家法拉第首次发现了苯，法国化学家日拉尔等人精确测定苯的相对分子质量为78，分子式为C_6H_6。基于当时的技术水平，很难确定苯分子的结构。依据当时比较成熟的理论"碳四价学说"和"碳链学说"，结合苯分子式，推测苯具有高度不饱和结构。然而，在进行验证时，苯与酸性高锰酸钾溶液混合不褪色，如果分子中存在碳碳双键这样的不饱和键，与高锰酸钾混合，不饱和键会被氧化而褪色。如果存在碳碳双键或三键，苯会与溴水加成而褪色，然而苯没有褪色。实验表明苯不具有典型的不饱和化合物应具有的易发生加成反应的性质。苯分子的结构像一团迷雾，笼罩在有机化学界的上空四十年。直到1865年，德国化学家凯库勒进行了多次苯分子是链状的假设实验研究，在他屡战屡败、心灰意冷的时候，带着问题疲惫地进入了梦乡。在梦里，是另一种天堂，奇幻瑰丽，仙乐飘飘，凯库勒像个孩子一样徜徉在仙境中。忽然，画风一转，一条蟒蛇呈现在眼前，蟒蛇扭动着身躯前行，凯库勒无处可逃，只好屏住呼吸观望，就在此时，蟒蛇扬起脖子，向凯库勒张开血盆大口，凯库勒吓得闭上了眼睛。待凯库勒睁开眼睛，发现蟒蛇只是张开嘴巴咬住了它自己的尾巴，形成了一个环。凯库勒从梦中惊醒，假想苯分子是环形结构！凯库勒重新抖擞精神进入了实验室，开始实验验证工作，最终提出两个假说：苯的6个碳原子形成环状闭链，即平面六角闭链，各碳原子之间存在单双键交替形式。1872年凯库勒又提出互变振动假说来补充说明自己的观点。1935年科学家詹斯用X射线衍射证实：苯分子结构是平面正六角形，苯分子里6个C原子之间的键完全相同，是一种介于单键和双键之间的特殊键。现代化学认为，苯环主链上的碳原子之间并不是凯库勒提出的单键和双键排列，每两个碳原子之间的键均相同，是由一个既非双键也非单键的大π键连接。1979年东德发行纪念凯库勒发现苯环的邮票，苯环中碳碳之间为单双键交替结构

（图30）。今天看来，这是错误
的，但是，为了纪念凯库勒，依然
在书写中沿用凯库勒式苯环结构。
这个例子表明，在长期积累与思考
之后的放松阶段，潜意识可能迸发
出灵感，产生具有预见性的创新想
法。这个例子提示洞察力根植于长
期的知识积累，是思想升华的关键性促进剂。

图30 苯分子结构的纪念邮票

三、让历史告诉未来——历史的经验照亮现实之路

在生产力较为低下、科学技术不发达的古代社会，因对自然现象、社
会现象与机体的生理现象等难以做出合理的解释，为了趋利避害，就需要
对未来的事情进行预判先知。我国著名的《易经》，就是一本结合当时认
知的自然规律与人文现象，用于占卜的经典。后世衍生出阴阳、太极理
论，影响着国人的思想与生活。其实，采用易经占卜的实质是在以往经验
的基础上预测未来可能发生的事件或事件发展趋势，其中有预测准确的事
件，也有预测失败的事件，两者所占比例应该是后者大于前者，但是，一
旦有准确的预测，对于当事人群属于100%正确，很容易被人们夸大其神
力。历史是对以往事件与活动的记录与归纳，自然具有一定的预测未来的
属性。然而，在科学发展史中，这种预见性会更强、更准确。

航空生理学的发展历程，是历史经验照亮现实之路的较好例证。航空
生理学萌芽于1501年，那时对高原病有了一些初步的认识，神父约瑟夫在
专著中将此描述为风或者空气引起的类似于晕船的病症。到17世纪确立了
气体定律，发现空气中存在氧气，而缺氧是引发高原病的主要原因。1783
年11月23日，人类举行了首次热气球升空飞行，虽然放开固定绳索只飞行
了50英尺，却是划时代的尝试，人类开始了向高空探索的历程。1783年12
月1日，法国人查尔斯乘氢气球首次飞到3048米的高度，并报道了首例航空
性中耳炎。1785年1月7日，法国人布朗夏尔和美国人杰弗利斯跨英吉利海

峡进行了首次商业飞行，并运送第一封航空邮件，展示出热气球航空飞行不仅仅是探险，而且具有潜在的商业价值。1803年法国人罗伯逊乘热气球飞到7000米时，感觉头部充血肿胀，双手丧失痛觉。1862年9月5日，英国人格莱舍与考克斯韦尔进行热气球升空探险，当飞到5486米时，考克斯韦尔感到气喘；飞到7925米时格莱舍看不清仪表，精细操作困难；飞到8839米时，格莱舍四肢无力、抬头困难、难以讲话、突然丧失意识；考克斯韦尔咬开排气阀，使热气球下降到地面，此次飞行将高度刷新为8839米，并且获得缺氧对人体影响的详细记录。1870年采用热气球航空运送首例病人。法国人西韦尔和克罗塞–斯皮内利有过4600米缺氧体验，当时出现口鼻出血。1873年3月22日乘热气球上升并携带氧气袋，在3600米，呼吸40%氧气混合气，6000米呼吸70%氧气混合气，没有出现缺氧症状，亦未发生口鼻出血。1875年4月15日，他们与另外一名探险者组成三人小组，乘热气球上升，携带三袋65% ~ 70%的氧气，试图创造更高高度记录。他们急于取得成功，在7450米扔掉三块压舱石，迅速上升到大约8600米，一人在迅速上升过程中呼吸氧气，三人突然意识丧失，最后两人死亡。

1878年，法国科学家保罗·伯特在大量热气球升空探索记录的科学数据基础上，撰写了专著《大气压力》，确立环境氧分压小于35 mmHg致死的基本原理，开始用理论指导热气球升空活动，防止了死亡事故的发生。

1920年2月27日，在供氧条件下，乘热气球飞行到10 093米，1921年9月28日又飞到11 521米，1927年5月4日飞到12 945米的高度，并记录了首例的高空减压病。萌芽期乘热气球进行的高空探险活动，使人类了解了高空低温的影响，同时也建立了高空缺氧会对机体产生影响的基本理论。

1903年12月17日，莱特兄弟在美国北卡罗来纳州实现了首次无动力人力飞行，标志着飞行器的诞生，将人类引入到一个全新的飞行时代。此后敞开式座舱飞机迅速发展，在飞行过程中，飞行员受到寒冷、高速气流吹袭、缺氧等因素影响并出现飞行错觉。自此，人们意识到飞行员应该有一个体格检查标准，因此制定出飞行人员选拔与健康分级的标准，并检查每个飞行人员的缺氧耐力以及配备初步的个人防护装备，如简易的供氧面罩。

美国人施罗德驾驶敞开式座舱飞机飞到7600米，记录了缺氧的感觉，他感觉太阳变暗、引擎声变小并感到饥饿，他意识到缺氧。当吸入氧气后，觉得太阳突然变得明亮，引擎声轰鸣作响，饥饿感全消。1918年，他计划驾驶敞开式座舱飞机飞到更高高度，当飞到8839米时，因供氧耗竭而终止挑战。1920年，他驾驶敞开式座舱飞机向10 093米发起挑战，因为供氧故障造成短暂意识丧失，幸运的是他改出螺旋后安全返航。施罗德的挑战性飞行提示：驾驶敞开式座舱飞机，当飞行高度超过7600米必须供氧。由此，美国从1914年研制出了早期的供氧面罩和供氧的管道。1921年美国人麦克雷迪就是佩戴这样的供氧面罩，飞到了11 521米，1926年又飞到了11 796米。美国人格雷于1927年3月挑战12 190米，飞到8230米高度时，因供氧设备故障而终止；1927年5月飞到12 192米时，因用力时感到严重胸痛、嗜睡而终止飞行；1927年11月，当飞到12 192米时，因时钟冻坏、氧气耗竭而牺牲。这些挑战性飞行，获得一个重要结论：敞开式座舱飞机飞行高度不能超过40 000英尺（12 192米）的极限高度。这也促进了美国加快供氧面罩的研制工作，于1941年研制出A-14型氧气面罩，于1943年研制出XA-13型肺式加压供氧面罩。与此同时，研制出了密封式通风增压座舱飞机，并于1921年6月首次试飞成功，于1937年定型了XC-35密封增压座舱飞机。

上述航空生理学发展过程中，早期乘热气球探索以许多人的牺牲为代价，换取了导致人体死亡最低氧分压的理论基础，由此研制供氧面罩进行防护。在驾驶敞开式座舱飞机挑战高空的活动中，虽然采用供氧对飞行员进行保护，但又以人的牺牲为代价，获得供氧防护的极限高度为12 192米，并出现高空减压病，因此研制密封通风增压座舱进行防护。正是因为解决了异常空间环境中人体的防护难题，飞行器得以长足地发展，由第一代、第二代到第三代，直至现在的第四代战斗机。虽然第四代战斗机依然存在高机动性导致飞行错觉的航空医学保障问题，但是由于科技的进步，可以做到不再以人的牺牲（飞行错觉是导致机毁人亡飞行事故的重要原因之一）为代价去获取经验与数据，而是采用飞行模拟器诱发相同的飞行错觉，并研究克服各类飞行错觉的方法。这便是从发展历史的经验教训中获得的启示，先在模拟的飞行环境中获取实验数据，探寻防护的有效方法与技术，或者建立理论，然后在实际飞行中进行检验。历史的经验与教训不仅可照亮未来之路，也可使人类在专业领域具有更强的洞察力。

科学史能给我们哪些启示或者具有怎样的预见性呢？吴国盛所著的《科学的历程》（第2版），其绪论的第一章中，给出了明确的答案。

（1）科学发现过程中的一些传奇故事，能增加学习自然科学的兴趣，激发学生对自然的好奇心。

（2）科学史能告诉人们科学思想的逻辑行程和历史行程。科学发现与创新是一个艰巨的过程，虽然严密的逻辑推理在科学进步中发挥巨大作用，但又不完全依赖逻辑推理。

（3）科学史告诉人们不仅要"知道"知识，关键要真正"理解"知识。

（4）科学史有助于理解科学的批判性和统一性。也就是说，科学理论不是一成不变的，它是发展的、进化的。因此，不能将科学理论固定化、僵化，将科学理论都认定是万古不变的永恒真理；更不能将科学理论神圣化、教条化。

（5）科学史有助于理解科学的社会角色和人文意义。科学家不仅增长人类的自然知识，而且应该传播一种在思想上独立思考、有条理地怀疑的科学精神；传播在人类生活中相当宝贵的协作、友爱和宽容精神。

综上所述，不难发现学习历史，特别是科学史，不仅可以从中吸取许多的经验与教训，而且能够培养科技工作者透过现象看本质的能力，以及对事物发展趋势的预见能力。

抽点时间、留些空闲、少看手机、读点历史，特别是科学发展史，在潜移默化中培养我们的洞察力！

在积极放松中迸发灵感

想象力是人在已有形象的基础上，在头脑中创造出新形象的能力。比如当提及汽车，人脑中马上就浮现出各种各样的汽车形象。因此，想象一般是在掌握一定知识面的基础上完成的。想象力是在人脑中创造一个念头或思想画面的能力。想象力是人类特有的天赋，因为有想象力，便为创造出一个全新的世界奠定了基础，使人类世界完全不同于动物世界。创新实质是科学家将自己的想象变成现实的过程。没有想象力，就不可能实现无中生有，按照现在的流行语，就不可能从0到1。

一、从想象到现实

首先，通过大家耳熟能详的几个例子，直观地再现想象力在创新世界并推动文明进步方面的巨大作用。法国科幻小说家儒勒·凡尔纳认为：但凡人能想象到的事物，必定有人能将它实现。这是对想象力的最好诠释，也是凡尔纳写科幻小说非常注重的一个原则。凡尔纳在《海底两万里》中描写的平均时速12公里，可在海底旅行近10个月的"鹦鹉号"，其实是世界上第一艘核潜艇。与潜水艇相关的还有潜水服、潜艇专用的船坞、核能的利用、压缩食物、声呐海底定位、电与探照灯等。

在高科技迅猛发展的今天，6马赫（1马赫≈1225千米/小时）的高超音速飞行器6小时内就可环绕地球1周。而如果乘坐民航飞机从伦敦出发，向东飞行，绕地球1周再回到伦敦，也只需要2天左右的时间。即便是乘坐火车和轮船，也不用80天，因为现在的火车和轮船的速度已大大提高。可是，在1个多世纪以前，在还没有飞机的19世纪70年代，当人们还以马车、雪橇、轮船、火车等作为代步工具的时候，要想在短短的80天之内环球1周的《八十天环游地球》，还是让人惊叹和佩服的。

凡尔纳在《神秘岛》中预言，水将成为人类的未来能源，成为未来的"煤"。百多年后，将水分离成氢和氧作为能源，已经不是幻想，只是成本太高，尚不能商用。相信在未来科学家们能找到合适的开发途径。

1863年，凡尔纳在《二十世纪的巴黎》中成功描述出影印机、传真机、无线电报、电声像机（电视机）、霓虹灯、自动人行道、空调、摩天楼、子弹列车、电椅死刑等"未来科技"，他还说未来的巴黎有"一座没有很大实用价值的灯塔刺向夜空"。

1877年，凡尔纳在《太阳系历险记》中预测，太阳系的海王星之外应该还有一颗行星。1930年2月18日，太阳系边缘的冥王星被人类发现。

1886年，凡尔纳在《征服者罗比尔》中预测，将来人类一定会驾驶比空气重的物体作定向飞行，还和好友成立了"航空机车促进协会"。1903年莱特兄弟首次试飞飞机成功。

凡尔纳的《从地球到月球》和《环绕月球》，这两本小说几乎是现代"阿波罗"登月工程的原始性预演。在《从地球到月球》这部一百多年前发表的小说中，凡尔纳曾描写了一个发射炮弹飞船的坦帕城，如今这座城距美国佛罗里达州的卡纳维拉尔角宇航中心只有240公里；他在小说中写道，一只小狗最先到太空遨游，而事实上人类在飞上太空之前确实先送了一只小狗进行航天飞行试验；小说中的航天飞机与美国第一架飞上太空的航天飞机同被命名为哥伦比亚号；小说中描写3个人乘坐航速每秒36 000英尺的炮弹飞船到达月球。1969年，美国阿波罗11号载人飞船登月，宇航员3人，航速每秒35 533英尺（1英尺≈0.3米），发射地为佛罗里达州的卡纳维拉尔角。

……

除凡尔纳外，还有许多优秀的科幻小说家。其中，美国的科幻小说家阿西莫夫可称得上是机器人之父，在其科幻小说中描述的机器人正在逐步变成现实。

由此可见，人类世界之所以如此精彩，是先有"离奇"的超前想象，然后才有逐步构建而成的现实。

二、想象力的生理学基础

美国生物学家罗杰·斯佩里与同事，对因顽固性癫痫而行胼胝体切开术的"割裂脑"病人进行的一系列精心设计的神经心理学研究观测，发现大脑两半球各自具有独立的功能，大脑左半球有语言、阅读、书写、逻辑、推理与计算的能力，大脑右半球则有图形、空间结构的构思能力，音乐欣赏能力，及形成非言语性概念的能力。这两种不同的感受和思维功能分工合作，相辅相成。这些研究结果证明大脑右半球也具有其优势功能，匡正了盛行一百多年的大脑左半球是优势半球的传统观念。因此，斯佩里于1981年与休贝尔、威塞尔共获诺贝尔生理学或医学奖。

有人从科普角度，依据大脑左半球功能，将之称为"语言脑"；而大脑右半球因具有图形、空间结构的构思能力与音乐的能力，被称为"音乐脑"。由于人类生活离不开语言，因而"语言脑"的利用率特别高；而人的"音乐脑"利用率比较低，从而容易造成左右脑的功能失衡。但是，"音乐脑"能使人产生创造力、联想力、直觉力、想象力及灵感。所以，如果能够设法开发利用"音乐脑"，那将会提高人类的创造力。音乐的长期刺激对大脑右半球的发育具有一定的促进作用，由于同一脑半球的神经网络存在交互作用，所以，位于同一脑半球的音乐与想象力亦具有相互的联系，这样就构成了音乐可能促进想象力的生理学基础。

三、通过音乐培养与激发想象力

1. 音乐美感主要源于想象力 音乐是一门比文字更加抽象的艺术，是一个充满着诗情画意、浮想联翩的幻想王国，是作曲家生活经历和心路历程的描述。当我们聆听歌曲的时候，因歌唱者的不同，音乐的美感虽然不变，但情感却存在巨大的差异。如克里木演唱的《塔里木河》，歌声饱含的热爱与自豪之情是其他歌手无法超越的；又如电视剧《红高粱》的片尾曲《九儿》，虽然有的歌手高音靓丽高亢，有的歌手采用多种演唱技巧，但是，均难以超越原唱胡沙沙所表达出的那种无奈且不舍的深情。这些情感上的差别，其实是不同的声音使听者产生了不同的联想。对于无歌词的乐曲，发挥想象力更为重要。当我们欣赏乐曲时，脑中是浮现出明媚春光下的鸟语花香，还是炎炎夏日的狂风暴雨，是天高云淡下的姹紫嫣红，还是瑟瑟寒风中的白雪皑皑？

音乐也是一种语言，是无需翻译的、人类共通的语言，只要听者与作曲家具有相似的经历，就能引起共鸣，激发出类似的想象。人是大自然中的一分子，故天性热爱大自然。对大自然中的景色，如四季的百花、暴风雨后的彩虹、百鸟声喧的树林、千奇百怪的岩石、嶙峋的崖壁等，是情有独钟的。因此，贝多芬的田园交响乐《田园》与《月光曲》等，能唤起世界不同地区人们对大自然的美好想象，在田园交响乐的旋律中获得慰藉和力量，用想象力构建自己的精神乐园。当然，也会在《英雄》与《命运》等交响乐曲中，通过发挥想象，构建出人生奋斗的精神家园。

正是由于音乐美感主要源于想象力的特性，我们如果能长期受到音乐的熏陶，特别从小就受到音乐的熏陶，潜移默化中，我们的想象力会不断增强，有利于我们展现出强大的创造力。爱因斯坦曾说过："想象力比知识更重要，正是音乐赋予我无边的想象力。"可谓一语中的！

2. 音乐可诱发或激发灵感 灵感是由于思维高度集中、情绪高涨而表现出来的创造性的想象和突发性的思维现象。

音乐对人脑可产生兴奋、抑制、松弛、镇静、催眠等不同作用。如快速的、愉快的旋律可振奋精神；音调柔和、节奏徐缓的乐曲，可产生镇静、安神作用；优美的曲子使人感到轻松愉快。不同的曲调也可产生不同的情感反应，一般认为E调安定、D调热烈、C调和顺、B调哀怨、A调抒情、G调浮躁、F调激荡等。古希腊的哲学家和科学家亚里士多德就推崇C调，认为C调最宜于陶冶情操。音乐的旋律、节奏、音调与音色等，为什么能与人的感受联系起来呢？目前科学家尚没有给出确切的答案，但是，有些开创性的研究给了我们一些启示。Doelling KB等研究发现：未经音乐训练的志愿者，无法跟上较为缓慢的节奏，不能与音乐节奏形成同步；相反，经受过长期音乐训练的志愿者，对缓慢的节奏感觉更舒服，并能形成同步，且这种现象是因为他们受到了音乐训练，而非出于天赋。

脑电波是一些自发的有节律的神经电活动，根据其频率可划分为四个波段：δ 波（1~3 Hz）、θ 波（4~7 Hz）、α 波（8~13 Hz）、β 波（14~30 Hz）。除此之外，在觉醒并专注于某一事时，常可见一种频率较 β 波更高的 γ 波，其频率为30~80 Hz，波幅范围不定；而在睡眠时还可出现另一些波形较为特殊的正常脑电波，如梭状波、σ 波、λ 波、κ-复合波、μ波等。

δ 波，频率为1~3 Hz，幅度为20~200 μV。当人在婴儿期或智力发育不成熟，成年人在极度疲劳和昏睡或麻醉状态下，可在颞叶和顶叶记录到这种波段。

θ 波，频率为4~7 Hz，幅度为5~20 μV。在成年人意愿受挫或者抑郁以及精神病患者中这种波极为显著。此波为少年（10~17岁）的脑电图中的主要波形。

α 波，频率为8~13 Hz，幅度为20~100 μV。它是正常人脑电波的基本节律，如果没有外加的刺激，其频率是相当恒定的。人在清醒、安静并闭眼时该节律最为明显，睁开眼睛（受到光刺激）或接受其它刺激时，α 波即刻消失。

β 波，频率为14~30Hz，幅度为100~150μV。当精神紧张和情绪激动或亢奋时出现此波，当人从噩梦中惊醒时，原来的慢波节律可立即被该节律所替代。

在人心情愉悦或静思冥想时，一直兴奋的 β 波减弱，α 波相对增强。

由于α波最接近右脑的脑电生物节律，所以容易使人进入灵感状态。有研究表明，当人的灵感涌现时，往往伴随α波出现。人的脑波处于α波状态时，人的意识活动明显受抑制，无法进行逻辑思维，进入潜意识状态，此时大脑凭直觉、灵感、惯性、想象等接收或传递信息。还有学者认为，通过音乐激发α波，诱发人进入灵感状态，有利于促进人迸发创新性灵感或思维。虽然有人提出α波频率的"灵感音乐"，通过刺激人脑形成同步，产生α波脑电波而诱发灵感，但是，人耳不能感知20 Hz以下的声波，所以，这仅仅是一种假想而已。有趣的是，音乐可以使人的精神得以放松，产生松弛状态，此时人的舒张压降低、心率增快、皮肤血管扩张而血流增加，皮肤温度上升。而这种松弛状态与α波脑电波同时存在。所以，音乐产生的松弛状态，可能有助于激发人产生灵感。

由于想象无非是对已有的知识、表象和经验进行改造、重新组合、创造新形象，因此，科技工作者首先要长期积累丰富的关联知识和经验，头脑中储存的表象、经验和知识愈多，就愈容易产生联想，越容易出现奇思妙想。其次，在积累知识与经验的过程中，要不断地对知识与经验进行逻辑梳理与总结归纳，分析不同相关知识之间的相似性、不同点、各自的特点等。只有这样才能避免积累的知识与经验成为毫无头绪的一团乱麻，并在不知不觉中形成一些逻辑的联系或关联，便于思维产生联想效应，为创造性思维奠定基础。最后，要对拟解决的问题，专注地思考，并采用多种实验方案进行探索，在高度专注的前提下，往往音乐引起的短暂松弛，可能会激起灵感的迸发。

综上所述，目前日常生活中出现的现象与一些零星的科学研究表明，音乐可以帮助训练人脑的想象力。但是，如何借助音乐对人脑想象力进行科学训练，尚需进行更系统而深入的研究。另一方面，音乐能使人进入松弛状态，并可能诱发灵感，同样，怎样的音乐具有这种作用，亦需要进行科学探索。无论如何，音乐训练与长期欣赏音乐，对我们是有益的，对科学家的科学研究或多或少具有辅助性作用。因此，科技工作者们可以有意识地进行音乐训练，这样不仅能提升生活情趣与质量，而且可能在某一天，不经意间激发创新的火花！

角度与时机铸就精彩

第十五讲

摄影与直觉思维力

什么是摄影？摄影与科学研究之间有什么联系呢？摄影是艺术，具有较高的门槛，进入此门槛的人必须具备两方面的基本素养，即熟谙摄影器材与拍摄技巧，并能锤炼其所要表达的思想。这种对基本素养的要求，与科学研究完全是相通的，故摄影对科学研究具有启发与借鉴作用。

一、摄影要充分发掘设备功能

摄影是依赖仪器开展创作的，科学研究也一样，必须依赖较多的仪器设备。在开始摄影之前，要对照相机的性能非常熟悉，对每个按键的功能均了然于心，这是最基本的要求。如果对照相机不熟悉，当遇到绝佳的场景时，往往难以捕捉到最佳的瞬间，更无从实施特技条件下的拍摄。

笔者在旅行途中，偶尔会碰到摄影爱好者问：光圈与快门哪个设置为优先模式会更好？为什么拍摄夜景时，不用闪光灯曝光不足，用闪光灯后，又缺乏夜景的效果，被闪光灯照亮的物体很亮，背景中的辉煌灯火却无法呈现？这显然是不熟悉照相机性能，不知道手里拿着的相机最大感光度是多少，也没有在平时试一试不出现明显颗粒的最大感光度是多少。

仅仅熟悉相机的基本功能是远远不够的，在此基础上，还应该仔细研读与尝试相机的所有功能，并能灵活应用于拍摄之中。例如稍好一些的相机就有包络曝光的功能，这是为适应大光差场景而设置的。逆光下拍日出或日落，就是这种场景，太阳光很强，下面的景观处于逆光中，反射光较弱。当以太阳为曝光主体进行测光时，背景几乎是黑色；以景物进行曝光，则太阳为一片亮白，而包络曝光则可依据中间曝光量，增加一至二级曝光量与减少一至二级曝光量，同一场景拍3到5张照片，相机自动而合成为曝光适度的照片。越是高档的相机，考虑各种场景因素而进行的功能性设置就越多，可以较好地解决实际拍摄中遇到的各种问题，其实就是将玩家们的经验大全，设置到相机之中。

在生物学研究中，观测离子通道电流时，所用膜片钳技术的相关设备较为复杂，必须下一番功夫才能熟练使用仪器。扫描电镜与透射电镜，也需要实验者熟悉仪器性能，只是由他人帮助操作，会失去研究的本意，因为操作者缺乏相关的背景知识，没有明确的观察目的。随着技术的快速进步，新设备不断出现，如激光共聚焦显微镜，连续断面扫描电镜等。对操作者的要求越来越高，这与摄影不同，不熟悉相机性能，还能拍出照片，留作纪念；不熟悉科学研究中的设备性能，往往难以获得准确的实验数据。

二、摄影拥有自己的"文字与语法"

熟悉照相机等摄影器材后，如果缺乏必要的摄影知识，再高级的相机也难以拍出好照片。

摄影的精髓是用摄影术语描述你的思想。摄影术语包括"文字"与"语法"，"文字"由虚与实、线与形、光与影、色与彩等组成；"语法"则包括分与合、对比与对称、反差、顺侧逆光、影调、美学规则等。相机的光圈、快门速度、焦距、景深、曝光量、感光度等构成了摄影的

"文字"，光圈、景深与焦点决定着影像的虚实，清晰的聚焦点往往表现拍摄的主题。光圈、快门速度与感光度决定曝光量，曝光则影响着光与影的变幻与色彩的和谐与冲突。构图时的取舍，使线条与形状巧妙地组合，决定着照片的美感。所谓"文字"，是指不变的部分，但需要进行有机的组合。而"语法"则是一定的规则，在使用时，是需要灵活变化的。不管是对比或对称，还是反差或影调，都要符合美学规则，通过构图展示出美感。就构图而言，具有一般性规则，如将拍摄的主题或兴趣点放在长方形两条对角线交叉点的上面，或者交叉点左侧，或者交叉点右侧的位置。因为这些位置与人眼的注视习惯一致，一幅画面中首先进入人眼的是这些位置的景物。但是，在实际拍摄过程中，不能机械地套用，需要灵活地应用，使这些"文字"和"语法"内化为自己的行动。体现出是有血有肉、有思想的人在摄影，而不是机器人在拍摄。有时摄影师本人的文化底蕴、文化修养以及知识面，对他拍摄照片都起到重要作用。《庄子·知北游》说："天地有大美而不言，四时有明法而不议，万物有成理而不说。"圣人者，原天地之美而达万物之理。大美本天成，妙手偶得之。这个圣人也好，妙手也罢，均是美景与巧思共振的结果。人的修养越深、才气越大，这种共振产生的照片就越具有冲击力。简而言之，照片就是用摄影的文字与语法，讲述震撼人心的故事。

与摄影相同，科学也有自身的语言。其"文字"应该是实验数据构成的图、表与影像，而"语法"则是约定俗成的写作格式，如引言、方法、结果、讨论等部分，这些"文字"与"语法"均用来表达创新性思维。"语法"是基本固定的，"文字"因实验内容不同会有所差别，但表述的形式亦基本相同。一篇论文能否发表，发表后能否具有影响力，完全取决于其创新性发现与观点。与摄影一样，做到思想与概念的创新往往非常难，需要具备多方面的素养。

三、行摄相依，知行合一

熟悉摄影的人都知道一个简单的道理，只有走出去，才会有丰富的拍摄素材，这是拍摄的前提条件。所以，摄影师往往到处行走，特别是风光摄影师，更是满世界转，去寻找理想的拍摄题材与景致。到达拍摄景物附近，为了拍摄一张视角独特的照片，摄影师要围绕拍摄对象进行全方位巡视，找到最佳的拍摄点，所以，摄影被称为行摄，即在行走中获得拍摄的机会与角度。

仅仅只是行走，拍到好照片的概率不高。拍摄者还应该制定预案，并耐心地等待。商业摄影师先要像写电影脚本一样，做出一份拍摄策划方案，然后按此方案进行各项准备后进行拍摄，并且要进行反复的拍摄，加之后期的暗房处理，以达到预期的效果。大部分专业风光摄影师也是先认真考察拍摄景点的周边环境，画出预计的拍摄效果草图，然后确定机位，并进行长时间的耐心等待。例如，美国摄影师格兰·朗道尔打算拍摄一张逆光下白杨树呈现彩色玻璃光芒的照片，因日出一小时后就失去温暖的金色光，朗道尔必须找一处位于山顶附近的白杨林，经过三天的寻找，终于发现一处这样的白杨林，且树叶的疏密程度能显出彩色玻璃般的效果，树叶正值金黄，他提前一天探查好路线，定好机位。第二天凌晨4点来到停车场，在日出前45分钟前来到预定的拍摄机位，可是突然刮起了猛烈的狂风，东面的云层可能挡住日出。朗道尔并没有放弃，一直静静等待预期的效果出现，当日出时间过去一会儿，风突然停了，云层中出现一个小缺口，太阳像一盏橙色的探照灯从云层背后照在树林上，两分钟后狂风又开始咆哮，晚上就将白杨叶尽数扫落，一年后才能有这样的拍摄机会。所以，旅游者是很难拍摄到理想的照片的，除非运气的眷顾，才能偶尔拍到几张好照片。最为难得的是新闻摄影师，他们在脑海中也有拍摄预案，但是新闻事件突发性很强。不会按照预案来发生。所以，这些摄影师的基本素质要更高，反应要更快。如著名摄影师布列松以决定性瞬间的摄影风格捕捉平凡人生的瞬间，用极短的时间抓住事物的表象和内涵，并使其成为永恒。所以，他经常进行街拍，拍出著名照片《巴黎穆费塔街》（图31）。摄影界有条重要经验：即当内心虚拟的场景（预案）与大自然的实景产生共鸣时，便能获得具有唯一性的照片。总之，行走与预案常萦绕于心中是一名摄影师的基本素质，也是能否拍到理想照片的必要条件。

科学研究中，阅读教科书与文献，与摄影中的行走是一样的，只有大量的阅读，才能掌握基础知识与前沿进展，特别是该研究领域的概貌，才有可能发现问题，通过反复深化阅读，凝练出科学问题。为了解决科学问题，科技人员也应该像摄影师一样，制定出研究方案，然后根据观测指标，进行反复的研究观测，有些实验必须反复做，不停地重复，一方面确定所获结果具有可重复性，另一方面要得到典型

图31 巴黎穆费塔街

的数据以便发表。有些模型需耗费较长时间，必须耐心等待。如开展老年化研究，需24月龄以上的大鼠方能成为老年模型。有些药物的慢性毒副作用的实验，需要观测几年。在进行实验观察时，更需要具有明确的观测目的，除须密切注意待测指标的变化，也要留意随时出现的"反常"变化，有些时候，这种"反常"往往成为解决问题的突破口。所以，在基本不变的预案（目标）下，需要随时根据观测结果与实验进度修改研究方案，以获得最佳结果。

中国古代有一种秘方，即用发霉的糨糊涂抹伤口以防止发炎；李时珍的《本草纲目》中也记载霉豆腐渣可以用来治疗无名肿毒与恶疮，老祖宗们并没有深入追寻其中的原因。直至1929年的夏天，伦敦圣玛丽医院的细菌学家亚历山大·弗莱明查看细菌培养皿时，突然发现金黄色的葡萄球菌的菌落死亡，菌落的空圈上取而代之的是青绿色的霉菌。培养细菌时杂菌的污染是一种常见现象，失败了再培养一次即可，但是，弗莱明却将这种青绿色的霉菌进行培养，并将其培养液滴入葡萄球菌的菌落中，证实培养液具有杀灭葡

萄球菌的能力。由于这种青霉菌培养液中有效成分含量少且不稳定，弗莱明没有将其转化为药物。1939年，牛津的病理学教授霍华德·弗洛里与生化学家恩斯特·钱恩研究有抗菌效果的天然化合物时，设计了一系列巧妙的方法，在发酵瓶里培育霉菌，从培养液里提取活性物质，并测试其活性。1940年5月，弗洛里做了一个历史性的实验，他给8只实验鼠注射致死剂量的链球菌，用最初的青霉素提取物对4只实验鼠进行治疗，未经治疗的实验鼠均在24小时内死亡，而其余4只则存活了数天乃至数星期。这表明一种意外发现的青霉素可以用来治疗细菌感染性疾病。同理，摄影活动中的行走，科研活动中的阅读与反复试错，都是一种艰苦的积累过程，是必不可少的环节，要获得优秀的摄影作品或者创新性科研成果，还需要"按动快门前"的关键性因素在不知不觉中参与，这些关键因素应该是观察力与直觉思维力。

四、敏锐的观察力与独特视角

现代社会越来越复杂，要从中发现热点问题，且得到大众认可，要求摄影师具有非凡敏锐的眼光与洞察力。摄影者要善于从平常中发现美，或者在别人已经发现的美中找到自己新的审视角度，发现新的美。因此，优秀的摄影师应该具备一双"鹰眼"。鹰眼的视觉之所以敏锐，是由其眼视网膜特殊结构所决定的。除与人眼一样有视杆与视锥细胞外，鹰眼还有少许细胞可以感知紫外线，可以看到比人类更复杂的色彩。鹰眼视网膜中央凹的感光细胞每平方毫米多达100万个（人眼仅约有15万个），且有两个中央凹：正中央凹和侧中央凹。在鹰头的前方有最敏锐的双眼视觉区，是由两个侧中央凹的视野交盖而成，这样鹰眼的视野便近似于球形，能看到非常宽广的地域。另外，鹰眼独特的视觉系统可将物体放大数倍。同时鹰也和别的鸟一样，眼内有梳状突起，它是从视神经进入点突入眼后室的特殊折叠结构，能减弱眼内的散射光，使视像更清晰。所以，翱翔在二三千米高空的雄鹰，能一下子从许多相对运动的物体中发现并捕捉目标。人眼虽不如鹰眼，但人脑则使得人眼的敏锐度更高。

人脑中是什么因素决定摄影者对美的敏锐度呢？不可否认天赋是决定

因素之一，但后天美的熏陶亦很重要。所谓美的熏陶，包括掌握美的规则，广泛涉猎他人的优秀作品，并在对比、归纳与总结中得以升华，有所感悟。这是一个漫长的过程，必须在大量欣赏后，不囿于前人的藩篱，找到突破口而建立自己的家园，使自己具有敏锐的观察力，看事物时具有独特的视角。

科学研究较摄影更为复杂，捕捉其中的热点，亦需要极高的敏锐度。研究者必须从平常的表象中发现创新点，特别是在别人已有的发现中找到创新点，这是一项极其艰巨的事情，但是却是可实现的事情。科研中观察敏锐度可能完全是后天勤奋积累的结果，其决定因素包括宽广的知识面、丰富的阅历与经验、具有明确指向的观察，以及有意识的训练等。知识面的宽广完全依赖平常的点滴积累，这不仅是长期的过程，也是有目的的活动。这种积累与收集邮票不同，是围绕一定的主题开展的收集、归纳总结、再收集、再总结提高的过程。所谓丰富的阅历与经验，也是指潜心于某一相对小的领域，在技术与研究方法上进行的尝试与实践。观察目的明确，是建立在知识储备基础之上的，首先要确立观察指标的特异性、敏感性与精确性，还要知道可能存在的影响因素，并设法控制这些影响因素。有了上述三方面的真功夫之后，培养观察力最好的方法就是练习摄影。

五、直觉思维能力与审美能力

拍摄的照片除了记录历史瞬间外，另一个重要作用就是传播人性之美与自然之美，所以，摄影者必须具备较强的审美能力。审美能力与美感密切相关，"美感经验就是形象的直觉，美就是事物呈现形象于直觉时的特质。"也就是说，当人们站在适当的距离观赏孤立绝缘的事物时，在聚精会神的观赏中，发生了情趣与物的姿态的相互交流，在这一活动中便产生了美。那么，是不是所有的事物都能产生美感呢？其实不然，对于艺术作品，因为是艺术家与事物共鸣的产物，所以，应该引起观赏者的美感。但也不尽然，因为观赏者与艺术家在其他修养方面的差别，以及在时间、空间上的距离并不是完全一致的，有些作品不一定能引起观赏者的美感。这些具有两方面的启发作用：作为艺术家（摄影师），能感动自己的作品，才有感动别人的可能；作为观赏者，只有自己的综合修养达到艺术家（摄影师）的水准，才有可能对艺术作品（照片）产生美感。所以，审美能力其实是建立在综合的艺术修养之上，对事物的美容易感知且善于感知的程度。换而言之，观赏者的审美能力越强，越容易对观赏的事物产生美感。提升个人的审美能力，不仅是为了拍摄出好的照片或创作出好的艺术作品，而且可以提升一个人的生活水准，使平凡的生活增添更多的乐趣，更为重要的是可以训练一个人的直觉思维能力。美感起于直觉，提升审美能力并经常欣赏美，其实是在训练自己的直觉思维与形象思维。

直觉即指突然跃入脑际而能阐明问题的思想，包括灵感、启示和突然的、预见不到的顿悟。也就是说，直觉为洞察事物的一种特殊思维活动；或者说直觉是不经过复杂智力操作的逻辑过程而直接迅速地认识事物的思维活动。因此，也称为直觉思维。爱因斯坦认为，直觉能力是一种思想的自由创造力。法国哲学家柏格森十分重视直觉思维与科学创造之间的联系，提出以直觉思维为根本的"创造进化论"，认为直觉是形成理智与科学的内核。

直觉思维并不是形而上学方法论，更不是虚无缥缈的玄学。直觉思维具有三个明显的特征：非注意性与迅速性、结论正确的或然性以及保守性。直觉实际上是一种再认识，一个人只有对非常熟悉的东西才会有直觉。因此，直觉具有非注意性和迅速性的特征。人脑在将问题作为熟知情形处理时并未假定这种处理的合理性，而是将其合理性留待下一步，通过验证结论的正确性来完成，所以直觉的结论正确与否，有待进一步的证实。直觉思维依据的是注意之外的熟知情形的认知模型，是通过大脑反复应用和大量检验后被认为是有效的认知模型，因此具有保守性，容易形成定向思维或固化思维。由此可见，直觉思维的优点与缺点都非常突出。但是，在直觉思维中，有一种成功的直觉，那就是灵感。灵感的特征是人反复运用直觉，并经历了多次失败的尝试后终于发现了答案的现象。灵感的迸发是在坚韧毅力的支持下，勤奋的创造性劳动的辉煌成果。因此，关于灵感有多种描述："灵感是一个不喜欢拜访懒汉的客人"，"灵感，是由于顽强的劳动而获得的奖赏"等。纵观科学发展史，有许多重大的科学发明与发现，都是源于科学家长期苦思冥想后在放松状态下的灵光一现。正因如此，直觉能力或直觉思维是创新性人才的关键素质。

既然直觉思维在科研活动中如此重要，那么应该如何培养直觉思维呢？其实很简单，就是培养科技工作者的审美能力，并在审美过程中，不断训练直觉思维。有很多卓越的科技工作者，在绘画、书法、摄影等领域都有涉猎，他们也许在艺术体验过程中潜移默化地提升了直觉思维能力，这些能力又悄然迁移到科学研究中，使科技工作者在长期的积累与思索后，更容易爆发灵感，走向成功。

从生理学与心理学角度，对于美感、审美能力与直觉思维之间的关系，目前只能进行初步的推测性联系，内在的生理学与心理学基础，尚待深入的科学研究。美感起于直觉，换而言之，欣赏美，其实是在训练自己的直觉思维与形象思维，这是人右脑的主要功能。科技工作者注重于逻辑思维或理性思维，左脑的功能是比较发达的，如果长期欣赏美，训练自己的右脑，则可使自己的全脑功能均很健全与发达，这样更容易产生创造性思维。多位世界著名科学家认为科学研究的假想往往源于直觉思维，心理学研究表明，直觉思维是灵感的源泉，灵感来去匆匆，往往由其他貌似无关的意象所激发，产生"踏破铁鞋无觅处，得来全不费功夫"的效果。所以，作为科技工作者，在闲暇时间，将自己的兴趣爱好与艺术相关联，最简单的方法是与摄影相关联，手机的相机功能已为摄影提供便利，所欠的东风就是人的审美能力了。

国学智慧与创新阶梯

古代先贤的思辨力

哲学是研究基本和普遍之问题的学科，是关于世界观和方法论的理论体系。世界观是关于世界的本质，发展的根本规律，人的思维与存在的根本关系等普遍、基本问题的总体认识。方法论是指导人们认识世界，改造世界的最一般、最根本的思维方式和思维理念。方法论是世界观的功能，世界观决定方法论。简而言之，哲学是研究科学的科学，决定人对世界的总体认识与如何去探索未知的思维方法。因此，一名科技工作者，必须对哲学有一定的了解，以利于开展具体的科学研究活动，从而避免在科学研究中出现认识与思维方式的偏差，更敏锐而迅捷地探索一个小问题的本质。

随着我国经济的高速发展，现在科研的硬件条件，如果综合运用得当，已经是十分优越了。并且随着科研工作者自信心的不断增强，国内的创新将从目前的"点"向"面"发展。因此，我们必须在创新意识与创新思维方面做好准备。由此引出下面的话题：悟道与创新。

大家会问，为什么要将悟道与创新强拉在一起呢？纵观中国五千年的历史，其实在相当长的一段历史时期，特别是先秦时期，中国在各个方面是领先于世界的。那么，其中必有我们值得借鉴的精华，因此，便以《道德经》和《庄子》这两本书为蓝本，看看如何培养我们的创新意识。由于时间跨度较大，故现在看《道德经》和《庄子》，就像看一个水晶石，把它放到不同的环境下或从不同角度观察，它会折射出不同的光彩。笔者心中的悟道，也像观察水晶石一样，从我的角度，以我的知识背景和阅历来看它的某种光彩，所以仅供大家参考。但是，我会坚持"三不"原则，即：不望文生义，胡编乱讲，毕竟古典文学与现代文学在字词方面的差别非常大，很容易望文生义，造成误解；不断章取义，而是在多遍通读全文的基础上，摘取其精华；最后，不将"悟道"讲成"误导"，误导大家是一种罪过。

在《道德经》与《庄子》里将道分成两类：天道与人道。这两本书的核心思想为：自然界的客观规律就是所谓的"道"，我们人类应该借鉴这个"道"来为人处世或管理国家。也就是说，要实现人道的完美必须借鉴自然之道。

既然这个古代哲学具有一定的现实意义，我们能不能反过来用呢？以所谓的"人道"——从自然规律中感悟人生法则，反过来运用于探索自然规律之中。答案是肯定的，在《道德经》中，已经表明人道反过来用更为有效。所以，我觉得可以借助老庄的"道"来探索自然规律，指导我们的创新活动。基于这个背景，我阐述以下三个方面的问题：一是"道"即创新；二是"悟道"的前提条件是修身；三是"得道"的过程和境界。

一、"道"即创新

什么是"道"？《道德经》本身的定义为："道可道，非常道。"这里的"非常"不是一个词语，而是两个独立的单音节词。第一个"道"为名词，指自然规律，第二个"道"为动词，指可以表述；"非"为否定，"常"含常规、平常之意，第三个"道"又为名词，仍指自然规律。总体来看，什么是"道"呢？"道"就是可以表述的自然规律，但不是我们平常已经知道的那个自然规律。听起来有点绕，其实"道"就是指一个新发现的自然规律，所以，"道"就是创新。紧接着，《道德经》详细解释所谓的"道"，开始是恍恍惚惚的，若隐若现的。这就像科学研究中，开始查阅资料想凝练出一个科学问题的时候，往往有较长时间的迷茫期。《道德经》进而说：在恍恍惚惚中，一定存在某些征兆，一定包含物质的本质信息；虽然深远，但包含信息，且信息之中，必有内核。这个内核便是万物之本源，它无声无形，无论外面的特征如何改变，它都独立存在而不发生改变。科学研究就是通过大量查阅文献和实验观测，从纷纷扰扰中找出事物的客观规律，以获得创新性成果。所以，"道"与创新反映了人类相同的探索过程，只是古代与现代的称谓不同而已。

创新是艰难的过程，但其道理却很简单，主要包含三方面的内容：将未知变成已知，或者将不能变成能，或者将复杂的变成简单的，也可能是三方面混合存在。

举个现代创新的例子，大家都知道血液干细胞可以分化成各种血细胞，但从来就没有人问过为什么它只能顺着分化，会不会从终末分化阶段回到初始阶段呢？也就是说：会不会从白细胞等回到造血干细胞阶段，甚至是胚胎干细胞阶段。问题看起来很傻，但却具有强烈的创新意识。国外的科学家在几十年前就问了这个问题，并且通过实验证明其可行性，因此开创了一个崭新的领域。

我们以轰动世界的多利羊为例，实验研究工作是这样开展的：从一只羊（棕色毛、黑色头与蹄）取卵子并去核，将另一只羊（全为白色）乳腺细胞的核放入无核的卵子中，放入第三只代孕羊（白色毛、黑色头与蹄）的子宫内，生产下来的羊的基因表现型与提供乳腺细胞核的羊表现型完全一致（全为白色）。这个实验再次证实细胞核是决定遗传的重要物质，另一方面还提示体细胞核是否能返回到多能干细胞阶段，则由细胞的内环境决定，也就是说细胞的内环境是决定其全能性的主要因素。将一个终末分化体细胞的核放到全能细胞环境中，它便具有了全能性。日本与美国的两个实验室分别从多利羊的实验中得到启示，便将一个体细胞和一个干细胞融合，而这个细胞就变成了一个胚胎样细胞，能分化出三个胚层，这进一步证明细胞内环境是决定细胞全能性的重要因素。在此基础上，日本与美国的实验室分别筛选出在卵细胞中可能维持细胞全能性的24种转录因子。为了确定这些转录因子是全部还是部分参与保持细胞全能性，两个实验室在相互独立的情况下，采用转录因子两两配对，或者三个配组，最后确定四种因子对于维持细胞全能性是必需的。只要将这四种转录因子导入具有分裂能力的体细胞，就会使之变成胚胎干细胞，也就是iPS。

为了验证iPS是否具有全能性，可将其接种在肌肉中，生成含三个胚层的畸胎瘤，表明iPS细胞具有全能性。另一种证明的方法是：将iPS（来源于黑色鼠）插入初期的胚胎并植入母鼠（棕色鼠）的子宫，产下嵌合鼠（棕色毛上有黑色斑点），嵌合鼠再产出的子代，则完全为黑色鼠，这表明iPS具有全能性，且可以遗传。现在开展iPS应用研究的实验室越来越多，有研究将皮肤的成纤维细胞转化成为iPS，然后诱导成胰岛细胞来治疗糖尿病。这方面的研究进展比较快，每隔一段时间*Nature*和*Science*上就会报道新的研究进展，如将皮肤组织中可分裂细胞转化为iPS，再诱导成心肌细胞。正是由于这些突破性研究，目前对遗传性或组织缺失性疾病的治疗，至少可通过三种途径：一种是直接用胚胎干细胞；一种是体细胞核和卵细胞融合；另一种是直接在体细胞中导入三种转录因子使之成为全能干细胞，然后进行定向分化（目前这一环节还比较难）。

多利羊本身就是一个全新的事物，在多利羊的启示下，又出现了iPS细胞，也是全新的事物。所以，创新是发现客观规律后，由无到有的过程。这就是现代创新。比较古代所谓的"道"与现代的创新，不难发现这完全是一回事。如果大家认同"道"就是创新这一观点，那么，古人如何获得"道"呢？古人认为"道"是靠人去悟出来的，即"悟道"，也就是说感悟、领悟或者顿悟出了"道"。难道整天冥思苦想就能悟出道来吗？显然不是。其实，"悟道"依赖于内因和外因两个方面，内因是变化的根本，外因是变化的条件。当下社会急功近利的浮躁之风盛行，制度体制制约创新，在这种不良外因下，内因则显得更为重要。内因则是修身，也就是提高个人自身的修养。

二、"悟道"的前提条件是修身

根据《道德经》和《庄子》，悟道需要具备七方面的能力，因此，个人的修身亦应该从这些方面入手。

1. 远见卓识　所谓远见卓识，就是一个人正确预见未来的能力。《庄子·逍遥游》里有这样一段："瞽者无以与乎文章之观，聋者无以与乎钟鼓之声。岂唯形骸有聋盲哉？夫知亦有之！"就是说：无法与盲人讨论纹理和色彩的美丽，无法同耳聋的人探讨钟鼓的乐声。难道只是身体上有聋与盲这些现象吗？其实人的智慧上也存在聋和盲！这句话讲得非常精妙。许多人不成功，虽然有各种各样的原因，但主要是在智慧上有聋有盲，这种缺陷又无法被自己感知，最后将自己耽误。所以，我们要摒弃智慧上的聋和盲，发掘与培养自己的远见卓识，真正懂得科学创新的价值。

下面这两个例子表明，如果人的思维方式和目标是正确的，那么他背后的世界肯定也是正确的。在二十世纪六七十年代，有一个采购员经常因急事临时出差，只能买到火车站票，而火车上往往都挤满了人，但是，这个采购员每次都要从车头走向车尾，耐心地询问是否有空座，结果总能找到座位。他的目标就是要得到最好的，他最后确实得到了最好的。另一个例子是关于非洲的比塞尔，这是一个十分美丽的地方，以前一直不为外界所知，主要原因是比塞尔人走不出包围他们的西撒哈拉沙漠。比塞尔人不懂得借助天上的星星导航，故骑骆驼走10天后，第11天又回到出发地。人如果没有明确的目标就会在原地转圈，茫茫人生其实是比西撒哈拉更大的沙漠。

2. 静心　现代社会诱惑太多，正如《道德经》中所言："五色令人目盲；五音令人耳聋；五味令人口爽；驰骋畋猎令人心发狂；难得之货令人行妨。是以圣人为腹不为目，故去彼取此。"就是说无论什么好东西，过分了都会带来危害，最后便一事无成。我们想要达到一个目标，必须暂时避开外界干扰，静下心来。《庄子》提出了一个好概念——心斋，乍一看是一个既新鲜又奇怪的词语。像吃斋时吃素一样，心一定要空出来，安静下来。这时候才能接受外界的知识，才能够搞明白复杂的东西，最后才能有所创新。老子《道德经》第十一章这样讲："三十辐共一毂，当其无，有车之用也。埏埴以为器，当其无，有器之用也。凿户牖以为室，当其无，有室之用也。故有之以为利，无之以为用。"用现代的语言表述为："三十根辐条汇聚在车毂上，正因为中间是空的，所以才成为车轮（当然，实心的也可作车轮用，但重量大、不节省材料）。一个陶土罐，正因为中间是空的，所以才作为容器。有门窗的房子，正因为中间是空的，才有房子的作用（可住人）。"通过这三个自然的现象，老子总结出：故有之以为利，无之以为用。也就是说：对于一个中空的有用之物，有形的部分是基本保障，无形的中空部分才是其发挥作用的地方。这句话启示我们，对于悟道或创新，技术条件是必须的保障，思想发挥关键的作用。思想是无形的，但发挥作用，只有静下心来，才能发挥思想的关键作用。《庄子》里面采用了很多怪诞的比喻来说明思想的强大作用，这是该书的一个特点。

3. 专一且快乐 有了明确的目标，心也静下来了，思想也能发挥作用了。这个时候不能胡思乱想，还必须专一。《道德经》从大角度谈了专一的重要性："昔之得一者：天得一以清；地得一以宁；神得一以灵；谷得一以盈；万物得一以生；侯王得一以为天下贞。"有人将这里的"一"解释为"道"，其实不然，因为老子开篇就说"道生一"。所以，"一"是指纯粹的事物，如空气是天空中的"一"，泥土是大地的"一"，精神是人的"一"，流水是山谷的"一"，人心是君王的"一"。这样就好理解这几句话了。晴空万里没有一丝云彩，这个天空自然清净明朗……大家可能或多或少有这样的体验，当精神高度集中时，会产生神奇的效果。《庄子·达生》中的佝偻承蜩则是较好的例子：孔子到楚国去，路过一片树林，见一个驼背人在捕蝉，就像拾取蝉一样容易，且从不失手。孔子问道："真是神奇啊！你有什么诀窍吗？"驼背人答道："有诀窍。……我站在那，整个人就像没有知觉的断木桩；我举起手臂就像枯树枝；即使天地很大，万物很多，而此时我就只看到了蝉。我不回头不侧身、不因万物而改变对蝉翼的注意力，怎么捕不到蝉呢？"

人的精力与智慧是有限的，不可能万事精通，将全部的聪明才智在一段时间用来专攻一件事情，往往比较容易深入事物之中，且或多或少能产生一些收获与感悟，从而转化为快乐的情绪。《论语》讲"知之者不如好之者，好之者不如乐之者"。中央电视台以前有个栏目叫《人物》，早期对行业领域中的佼佼者进行访谈，这些人一个共同的特点是每当谈及自己所从事的工作，一种自豪感油然而生，且总是传递出快乐的情绪。无论干哪一行，都必须慢慢地将自己的工作转化为一种快乐，如果仅仅将工作当成一种谋生的手段，那就会苦不堪言。

4. 积累　有了目标，也能静下心，并且能专注于一件事情，并且把这种专一转变成快乐，这个时候就要有一定的积累。《庄子·逍遥游》中讲大江大海的水才能撑起大船，小池塘的水是无法撑起大船的。可见积累的重要性，不积跬步，无以至千里。然而，积累并不是像收集邮票一样，尽可能收集齐全就可以了。积累是专一前提下的积累，即针对某一专题，一边收集相关资料，一边进行总结梳理，最好能写成小卡片或记笔记，积累一段时间后，就某些特征进行比较。例如，真核细胞与原核细胞有哪些异同点，可以从有无细胞核、细胞膜的特性、细胞质的特性与细胞器的特性等一一进行比较，这样才能有所启发。国外专业期刊发表的许多大综述里面包含很精美且高度概括的图与表，这就是平时用心积累的结果。通过这种不断梳理、归纳与总结的积累，往往会发现问题，甚至能凝练出重要的科学问题，如果经实验研究得以证明或完善，则有所创造和发现，增加新的知识。所以，创新是一种水到渠成的事情。

5. 永葆初心　《庄子·养生主》讲了一个"庖丁解牛"的故事，其中有这样一句话："以无厚入有间，恢恢乎其于游刃必有余地矣。"牛的骨头之间总是有缝隙的，当庖丁清楚地知道这些缝隙的所在时，用薄薄的屠刀在这些缝隙中游走，当然是行走自如。"良庖岁更刀，割也；族庖月更刀，折也。今臣之刀十九年矣，所解数千牛矣，而刀刃若新发于硎。"

优秀的庖丁每年要换刀，因为他们用刀割肉，而一般的庖丁每月需换刀，因为他们用刀砍骨头，当然容易损坏。这位庖丁的刀用了19年，宰杀了数千头牛，仍然像刚刚从磨刀石上磨过一样，只是因为他的刀在骨头的缝隙中游走。这个故事给我们怎样的启示呢？我认为有两个方面：其一，人的思想是一把没有厚度的利刃，在知识的缝隙中游走是绰绰有余的，可以将"知识之牛"进行分解，且能使这把刀越用越好；其二，思想之刀要永葆崭新，也就是初心。初心是什么呢？我认为初心就是一种谨慎、认真、激情和满腔抱负的状态，就像刚进入教研室的研究生，做事谨慎、认真，非常有激情，也满腔抱负。每到一个新的环境，或者面对新的挑战，每个人都具有相同的初心，但是随着时间的推移，人的懈怠就会慢慢积聚。但是，在熟练阶段如果依旧保持这种初心，就可能会取得较大的成绩。因为对环境或事物已经非常熟悉，如果仍然谨慎，则能减少错误与偏差；如果认真且满腔激情，则能看到事物的不同侧面，也会有越来越多的感悟，不想有成就都难。邹韬奋曾说过："继续不断的努力和继续不断的研究，是事业成功之母，是可宝贵的精神；有了这种精神的人对于他们所做的事情才能有心得，才能使自己的学识经验一天比一天得进步，才能使他们的事业发扬光大，与时俱进，不是那些因循敷衍，苟且偷安，得过且过的人所能梦见的。我们常觉得社会上从事各种事业的人缺乏这种精神，所以遇着具有这种精神的人特别的敬重，希望各业里面具有这种精神的人多起来，便是社会事业发展前途的福音。"这么多年过去了，这段话读起来依旧那么亲切和具有指导意义。

6. 转化 有了目标，能静下心来专注于一件事情并从中获得快乐，再通过积极的积累，得到了很多的知识，并且一直保持一种高昂的斗志和激情，最后一定要进入转化阶段，所谓转化就是知识积累到一定程度并经"发酵"产生的领悟和顿悟。就像阿基米德长期探寻浮力定律，在一次洗澡时，当他浸入浴缸，水自动流出而引发灵感。《庄子》中所描述的"鲲鹏展翅"就是指思想的转化："鹏之背，不知其几千里也，怒而飞，其翼若垂天之云。"这个非常重要，必须是"怒而飞"，就像飞机起飞要具备最低初速度一样。"怒而飞"的怒是奋起之意，在知识转化时则是灵光一现、豁然开朗的感觉。"悟"其实是一个升华的过程，再举一例来说明悟的重要性。有一个名人的墓碑上刻着："如果时间可以倒流，世界上有一半人会成为伟人。"一个现实的例子是：股票如果倒着来走，每一个人都会赚得盆满钵满，就是因为人们悟不出来股票的走行趋势，不知道什么时候该买、什么时候该卖。另外，悟的过程中需要发挥想象力，这是非常关键的一个环节，缺乏想象力是很难开悟的。例如，有一堵墙预留了布线的管道，且这个管道是弯曲的，当墙修好后，如何布线呢？有人想出了一个非常有想象力的办法：在一只雄鼠的尾巴上绑上引导线，在管道的另一端让母鼠尖叫，雄鼠很快就会跑过管道，将引导线带到另一端。国外有个减肥俱乐部贴出广告：三周内不能减肥，不仅返还训练费，而且再赠送同等的训练费。有一位超重量级的单身男士，经多个俱乐部训练仍不能减轻体重，故打算来挣一笔钱。报名后，教练告诉他回家听通知。第二天清晨，响起敲门声，开门一看，一位身材窈窕的美女站在门前，美女说："教练告诉我，你如果能追上我，我就嫁给你，我同意了。"然后转身跑向森林。男士一听，还有这等好事，便急不可耐地追了上去。以后天天如此，三周下来，由于体重大幅减轻，男士马上就可以追上美女了。他心想：明天我的美梦就可以成真了。第二天一大早，又响起了熟悉的敲门声，男士兴奋不已，急忙开门，只见一位更为肥胖的女士站在门前。女士对他说：教练说了，如果跑步时我能追上你，我就可以嫁给你。男士听了，飞奔而去，女士紧追其后……

7. 成为自己的主宰　庄子《齐物论》中有这样一个例子，罔两问景曰："曩子行，今子止；曩子坐，今子起。何其无特操与？"景曰："吾有待而然者邪？吾所待又有待而然者邪？吾待蛇蚹蜩翼邪？恶识所以然？恶识所以不然？"罔两即昏黑一片，故其操守一贯，无任何变化。罔两问影子：你一会儿行走，一会儿停止；一会儿坐下，一会儿又站起来，你怎么这样变来变去飘忽不定呢？影子回答说：那是因为我的一举一动由我的实体决定的缘故，而我的实体的一举一动还得由他的思想来决定。我的实体不是长在我身上的蛇蚹与蜩翼，我想怎么的就怎么的，所以，我不知道为什么一会儿是这样，也不知道为什么一会儿是那样。这个例子表明不要做"影子"，要做自己的主宰。常言道：生活的建造者就是自己。有位老木匠准备退休，老板问他能否再建一座房子，老木匠说可以。此时，老木匠心已不在工作上，往日的敬业精神也没有了，漫不经心地建造房子。房子建好后，老板把大门钥匙给他说："这是我送给你的礼物。"老木匠震惊了，羞愧得无地自容。如果他早知道是在给自己建房子，他怎么会这样呢？现在他得住在一幢粗制滥造的房子里！ 其实，每个人都是自己的主宰，但是，从一开始，我们就一定要做好这个主宰。

科研人员应该有意识地修炼自己，使自己逐步具备上述的七种特性，这样也就具备了创新的基本素质。所以，"小悟得小道，大悟得大道"；"修养浅悟小道，修养深悟大道"。那么，如何判断自己悟道的层次和境界呢？其实，老子与庄子也早已给出了答案。

三、"得道"的过程和境界

老子与庄子认为，一个人得道，是有不同境界的。

首先要能做到"外天下"。所谓"外天下"就是至少在短暂的时间内，屏蔽自己周围的世界，就像侠客要闭关练功一样。在现代社会，要做到这一点非常难。

如果能达到"外天下"的境界，接下来就应该达到"外物"与"外身"的境界。每个人都有这样的体会，当专注于某一件事情时，往往对周围的环境与自身的存在均没有了感知，时间过得也飞快，产生物我两忘的状态。只有达到这种境界，才表明专注程度达到极高的水平，才能深入到复杂事物的内部层面。

这种状态持续一段时间后，随着积累的增多，从开始的模糊不清，逐渐变得清晰起来，总会有一天，对事物的认识，会到达了如指掌的程度。这就像在空气清新的早晨，站在高高的山顶，看到下列一层一层的山峰似列队一般。也就是所谓的"朝彻"。在科学研究中，如果通过大量阅读文献，并且能做到一边读一边梳理、归纳，当写出一份有见地的综述时，便达到了"朝彻"的境界。

一位学者对自己所从事研究领域的研究进展一目了然时，自然而然就会产生独特的见解，即熟能生巧，这便达到"见独"的境界。如果你的独特观点或见解能被你的实验研究所证明，且是一项重要的发现，那么，当它被大众接受后，就成为创新性成果。

如果是真正的创新成果，其重要特点是能经受历史的检验，达到"无古今"的境界。比如《庄子》和《道德经》这两本书，虽几千年过去了，大家仍然认为有较高的思想价值，这便是无古今界限的表现。再一例，100多年前西班牙科学家拉蒙·伊·卡哈尔在显微镜下手绘的脑组织结构图，现代在共聚焦显微镜下观测脑神经结构与之基本一致，这表明重要创新是不会因时间的推移而丧失其价值的。人类伟大的发现或创新，如牛顿的力学三定律，阿基米德的浮力定律，物质客观存在的规律等，会像黑夜中的明灯一样，永远照耀人类前行之路。

以上我们讲了悟道过程中，我们自身必备的修养，以及有了这些修养后，悟道所达到的境界，其实是从我国古代自然哲学的方法论角度，浅谈创新的过程。希望大家做有心人，在做学问的过程中，使自己的心安静下来，不要心猿意马，着实下一番苦功夫，大悟自在心静中。有了大悟，便有了创新。

参考文献

[1] Inagawa K, Miyamoto K, Yamakawa H, *et al*. Induction of cardiomyocyte-like cells in infarct hearts by gene transfer of Gata4, Mef2c, and Tbx5. Circ Res, 2012, 111(9): 1147-1156.

[2] Nishida K, Yamaguchi O, Otsu K. Crosstalk between autophagy and apoptosis in heart disease. Circ Res, 2008, 103(4): 343-351.

[3] Ieda M, Fu JD, Delgado-Olguin P, *et al*. Direct reprogramming of fibroblasts into functional cardiomyocytes by defined factors. Cell, 2010, 142(3): 375-386.

[4] Woehlbier U, Hetz C. Modulating stress responses by the UPRosome: a matter of life and death. Trends Biochem Sci, 2011, 36(6): 329-337.

[5] Sussman MA, Volkers M, Fischer K, *et al*. Myocardial AKT: the omnipresent nexus. Physiol Rev, 2011, 91(3): 1023-1070.

[6] Clerk A, Cullingford TE, Fuller SJ, *et al*. Signaling pathways mediating cardiac myocyte gene expression in physiological and stress responses. J Cell Physiol, 2007, 212(2): 311-322.

[7] Coggins M, Rosenzweig A. The fire within: cardiac inflammatory signaling in health and disease. Circ Res, 2012(1), 110: 116-125.

[8] 余志斌, 圣娟娟. 心肌细胞缝隙连接重塑与心律失常. 生理学报, 2011, 63(6): 586-592.

[9] 耿利, 顾明君. 荟萃分析简介. 第二军医大学学报, 2000, 21(8): 791-792.

[10] 黄国钧, 黄勤挽. 医药实验动物模型——制作与应用. 北京: 化学工业出版社, 2008.

[11] Robinson MM, Dasari S, Konopka AR, *et al*. Enhanced protein translation underlies improved metabolic and physical adaptations to different exercise training modes in young and old humans. Cell Metab, 2017, 25(3): 581-592.

[12] Chen JX, Krane M, Deutsch MA, *et al*. Inefficient reprogramming of fibroblasts into cardiomyocytes using Gata4, Mef2c, and Tbx5. Circ Res, 2012, 111(1): 50-55.

[13] Dey S, DeMazumder D, Sidor A, *et al*. Mitochondrial ROS drive sudden cardiac death and chronic proteome remodeling in heart failure. Circ Res, 2018, 123(3): 356-371.

[14] Smith SB, Xu Z, Novitskaya T, *et al*. Impact of cardiac-specific expression of CD39 on myocardial infarct size in mice. Life Sci, 2017, 179: 54-59.

[15] Lefrancais E, Ortiz-Munoz G, Caudrillier A, *et al*. The lung is a site of platelet biogenesis and a reservoir for haematopoietic progenitors. Nature, 2017, 544(7648): 105-109.

[16] 吴国盛. 科学的历程. 2版. 北京: 北京大学出版社, 2002.

[17] Molina CE, Jacquet E, Ponien P, *et al*. Identification of optimal reference genes for transcriptomic analyses in normal and diseased human heart. Cardiovasc Res, 2018, 114(2): 247-258.

[18] Arrieta A, Blackwood EA, Stauffer WT, *et al*. Mesencephalic astrocyte-derived neurotrophic factor is an ER-resident chaperone that protects against reductive stress in the heart. J Biol Chem, 2020, 295(22): 7566-7583.

[19] Lowe JS, Palygin O, Bhasin N, *et al*. Voltage-gated Nav channel targeting in the heart requires an ankyrin-G dependent cellular pathway. J Cell Biol, 2008, 180(1): 173-186.

[20] Suematsu N, Ojaimi C, Recchia FA, *et al*. Potential mechanisms of low-sodium diet-induced cardiac disease: superoxide-NO in the heart. Circ Res, 2010, 106(3): 593-600.

[21] Perbellini F, Watson SA, Scigliano M, *et al*. Investigation of cardiac fibroblasts using myocardial slices. Cardiovasc Res, 2018, 114(1): 77-89.

[22] Verweij SL, Duivenvoorden R, Stiekema LCA, *et al*. CCR2 expression on circulating monocytes is associated with arterial wall inflammation assessed by 18F-FDG PET/CT in patients at risk for cardiovascular disease. Cardiovasc Res, 2018, 114(3): 468-475.

[23] Baptista R, Marques C, Catarino S, *et al*. MicroRNA-424(322) as a new marker of disease progression in pulmonary arterial hypertension and its role in right ventricular hypertrophy by targeting SMURF1. Cardiovasc Res, 2018, 114(1): 53-64.

[24] Aizarani N, Saviano A, Sagar, *et al*. A human liver cell atlas reveals heterogeneity and epithelial progenitors. Nature, 2019, 572(7768): 199-204.

[25] Ziegler KA, Ahles A, Wille T, *et al*. Local sympathetic denervation attenuates myocardial inflammation and improves cardiac function after myocardial infarction in mice. Cardiovasc Res, 2018, 114(2): 291-299.

[26] Matsumoto S, Cavadini S, Bunker RD, *et al*. DNA damage detection in nucleosomes involves DNA register shifting. Nature, 2019, 571(7763): 79-84.

[27] Merrick D, Sakers A, Irgebay Z, *et al*. Identification of a mesenchymal progenitor cell hierarchy in adipose tissue. Science, 2019, 364(6438): eaav2501.

[28] Gobel J, Engelhardt E, Pelzer P, *et al*. Mitochondria-endoplasmic reticulum contacts in reactive astrocytes promote vascular remodeling. Cell Metab, 2020, 31(4): 791-808.

[29] Choi JH, Zhong X, McAlpine W, *et al*. LMBR1L regulates lymphopoiesis through Wnt/β-catenin signaling. Science, 2019, 364(6440): eaau0812.

[30] Tyrrell DJ, Blin MG, Song J, *et al*. Age-associated mitochondrial dysfunction accelerates atherogenesis. Circ Res, 2020, 126(3): 298-314.

[31] Mustroph J, Sag CM, Bahr F, *et al*. Loss of CASK accelerates heart failure development. Circ Res, 2021, 128(8): 1139-1155.

[32] Shi H, Zhang B, Abo-Hamzy T, *et al*. Restructuring the gut microbiota by intermittent fasting lowers blood pressure. Circ Res, 2021, 128(9): 1240-1254.

[33] 周翊跃. 云龙河地缝: 暗河创造的绝世奇观. 中国国家地理, 2014, 11: 164-173.

[34] Bogen JE. My developing understanding of Roger Wolcott Sperry s philosophy. Neuropsychologia, 1998，36(10): 1089-1096.

[35] Doelling KB, Poeppel D. Cortical entrainment to music and its modulation by expertise. Proc Natl Acad Sci USA, 2015, 112(45): E6233-6242.

[36] Doelling KB, Assaneo MF, Bevilacqua D, *et al*. An oscillator model better predicts cortical entrainment to music. Proc Natl Acad Sci USA, 2019,116(20): 10113-10121.

[37] Fink A, Benedek M. EEG alpha power and creative ideation. Neurosci Biobehav Rev, 2014,44(100): 111-123.

[38] Martindale C, Hasenfus N. EEG differences as a function of creativity, stage of the creative process, and effort to be original. Biol Psychol, 1978, 6(3): 157-167.

[39] Lopata JA, Elizabeth A, Nowicki EA, *et al*. Creativity as a distinct trainable mental state: An EEG study of musical improvisation. Neuropsychologia, 2017, 99: 246-258.

[40] Gulluni N, Re T, Loiacono I, *et al*. Cannabis essential oil: A preliminary study for the evaluation of the brain effects. Evid Based Complement Alternat Med, 2018, 2018: 1709182.

[41] 格兰·朗道尔. 风光摄影的艺术. 梁波, 黄琨桢, 译. 北京: 人民邮电出版社, 2017.

[42] 朱光潜. 谈美. 南宁: 广西师范大学出版社, 2004.

[43] Takahashi K, Yamanaka S. Induction of pluripotent stem cells from mouse embryonic and adult fibroblast cultures by defined factors. Cell, 2006, 126(4): 663-676.